科学者には書けない
恐竜絶滅の謎

山崎收一
YAMASAKI SHUICHI

幻冬舎MC

科学者には書けない
恐竜絶滅の謎

はじめに

私が初めて化石を手にしたのは中学2年の時である。友人に誘われて二人で宇治田原まで化石探しに行った。ハンマー片手にコツコツと石を割るのは楽しい。山歩きも楽しい。例え小さな貝化石でも見つかった時には夢中になれる。石を割って貝殻がポコッと出て来る楽しさは格別である。新聞紙に包んで大切に持ち帰り、枕元でそれを何度も広げて見直したのを覚えている。枕元で色々と想像する楽しさまでおまけとして付いてくるから余計楽しいのである。

恐竜の世界は面白い。謎だらけだから面白い。ネットで調べると、最大の恐竜はアルゼンチノサウロスという草食恐竜で体長45mあったそうだが、信じられないほど大きい。その大きさも不思議だし、絶滅した理由もはっきりとは分かっていないらしい。全て謎だらけだから面白いのである。恐竜のいた世界はある意味、謎を解く楽しさをたっぷり味わえる世界だと言える。

古生物学者さん達はその真っただ中にいて、日々想像を膨らませて一人楽しんでいるに違いないと私は思っている。そして、思っている事がどんなに楽しい事であっても、彼らはその事を軽々しく口にしない。この考えを論文として仕上げるには何が必要だろうか、どこへ行ってどんな化石を見つければ証明できるだろうか、等とすぐに立ち止まって考えるのを止めてしまう。

実際に論文としてまとめるには気の遠くなるような努力が必要なのだからその事は理解できる。しかし、発想が素晴らしい物であるなら、思っている事を自由に発言する場所は必要だと思う。後に続く研究者にとって思いついた発想が重要なヒントになる可能性があるからである。

私は学者ではない。研究職に就いた事も無い。だから、どんな事だって無責任に発言できる。作り話だとして話し始めれば誰にも迷惑はかけない。そして、その作り話が良くできていて真実味を帯びているなら尚良い。読み手がそれぞれの読み方で自由に発想を広げる事ができるなら、創造力豊かな一部の古生物学者にとってこの本が発想の転換に役立つことだってあるかも知れない。

元々恐竜が絶滅した理由について考え始めたのではないけれど、謎だらけの太古の世界を一つ一つ解きほぐすように順番に考えて行くと恐竜絶滅の謎にたどり着いた。謎解きをさらに進めるとシロナガスクジラが何故巨大な体をしているのか、何故潮を吹くのかという謎へと発展した。エジプト文明が何故滅んだのか。何故ウナギの完全養殖ができないのか。石油がどのようにして作られたのか。

一つ謎を解くたびに新たな謎が次々と現れた。私なりの解釈方法で次々と謎が解けたのだから、夢中になって謎を解き続けて、本を出版するまでのボリュームになった。

仕掛け箱を開くときに操作の順番があるように、私の謎解きには順番がある。だから、謎解きをつなげたような構成になっている。

一つの物語のように謎がつながっているのだから、順番に抑えていかないと最後までたどり着けない。そして、絶滅ストーリーと名付けた怪しげな世界まで作り出した。私の頭の中だけで紡ぎだした絶滅ストーリーなのだから、これからの話は全て

SFの世界だという事になる。学者と呼ばれる人達に受け入れられるはずが無い事は十分承知の上で作り出したのだから、ある意味、想像の世界に過ぎないと言い変えても良い。しかし、全て想像の産物だけれど妙に説得力があって、我ながらなるほどと思えるような仕上がりになっている。

紡ぎ出した世界は読みようによっては面白い世界なのだが、4000年後に人類が絶滅するという話にまで発展している。そんな無茶苦茶な話はないだろう、と私も思っているのだが、人殺しの為の兵器を夢中になって開発している人達が大勢いる人間社会の事を考えると充分あり得る事だという気がしている。

70歳を超えて人生の終盤に差し掛かっているのだが、ふと思いついて謎解きを始めると面白いように話が発展した。そして、今後二度と本を出版する機会が訪れる事はないだろうと思って、この機会に思いつく事を色々と書き加えた。枠にはまろうとしない老人の主張のような物まで思いつくままに付け加えた。

前作同様、理科の苦手な人には難しい内容かもしれないが、高校を無事に卒業した人なら読破する事が可能だと私は思っている。是非最後までたどり着いて欲しい。

CONTENTS

第2部　限りある資源が無くなった世界

第3部　今、若者達に伝えたいこと

第1部　絶滅ストーリー

作り話の始まりは酸素についてである。

表通りには車がたくさん走っている。ガソリンを燃やして走っているのだから、酸素を消費するだろう。車だらけなのだからその量は多いだろう。工場の煙突から絶えず煙が出ているなら、酸素の消費量は相当な量になるだろう。年間に火力発電で使用される石炭の量はかなりな量になるだろう、などと考えている内にある事が心配になった。

化石燃料を燃やし続けていくと酸素も減っていくのではないかという実に単純な疑問がふと頭に浮かんできた。化石燃料は使い果たせばなくなる。しかし、同時に大量の酸素も消費する。酸素が減り続けて、仮に無くなりでもしたら、生き物は死に絶える。地球は死の星になってしまうのではないか。そんな子供じみた事を考えた人はいないだろう。専門家の人達から、素人の馬鹿げた考えだと即座に却下される事は分かっている。しかし、浮かんできたのだから仕方がない。

1章　光合成について

現在、二酸化炭素の濃度に注目が集まっている。二酸化炭素は地球の温暖化につながる気体なので、その温暖化を防ぐにはどうすれば良いか。その事にばかり議論が集中していて酸素の方は全く注目されていない。何故だろうか。

例えば狭い室内で物を燃やし続ければ酸素量が減っていって、一酸化炭素中毒で人は死んでしまう。地球は宇宙の中では狭い部屋と同様に閉ざされた空間なのである。酸素を使って物を燃やし続ければ当然その影響は生物に影響を与えるはずだと考えた。酸素は動物にとって二酸化炭素よりも重要な気体なのである。その重要な酸素について一から調べ直してみたいと思った。

地球の周りには大気の層があって、その約5分の1が酸素である。酸素は主に植物が光合成をする時に出て来る気体なので、空気中に含まれる酸素は全て植物が作ったと考えて良いだろう。この考えを元に書き進めて行くのだけれど、誰もこの事を証明できないのだから仮説として扱う事にする。

仮説1　大気中の酸素は全て植物が作った。

地球上に植物が登場してから、おそらく十億年以上の間、植物がずっと光合成を続けた結果、酸素の量が空気の5分の1にまでなった。光合成とは光のエネルギーを使って二酸化炭素と水から炭水化物を作る働きであって、副産物として酸素が放出される。言い換えると、光合成とは植物が太陽のエネルギーを取り込んで炭水化物の形で蓄えていく働きである。そして、植物が炭水化物を蓄える度に水が分解され、酸素が副産物として空気中に必ず放出される。植物が光合成をする際に重要な物質は二酸化炭素と水であって酸素は副産物に過ぎない。だから植物はいらなくなった酸素をゴミのように毎日空中へと捨てている。植物にとって酸素はいらなくなったゴミのような存在なのである。

例えば、宇宙のどこかに地球とよく似た惑星があって、そこには植物しかいないとする。植物が生きていくには水と二酸化炭素が欠かせない。だから、その惑星には永い年月をかけて水が蓄えられていた。もちろん水の出所は太古の昔に今より活動が活発だった火山である。そのようにして、その惑星には地球と同じように海があった。

火山活動の際に常に二酸化炭素とアンモニアが放出され、海水に色んな元素が溶けているのだから体の元になる一個一個の細胞を作るうえで材料には不自由しない。植物は太陽エネルギーを使って光合成をする。そして、細胞分裂をして増殖する。すると大気中に酸素が放出されて有機物が作られる。有機物とは炭素を含む化合物の事であり、言い方を変えて動物の世界で例えるなら、毎日出し続ける糞のような物である。植物は動かないのだから、その糞は植物体内と足元にたまり続ける。

陸上に進出した植物の体は巨大化していった。植物は動かない。動かないからその場で酸素を放出し続け、古くなった有機物はどんどん体の内側と足元に蓄積され続けた。

植物は動かないから生きていく上であまりエネルギーを必要としていない。恒星から受け取ったエネルギーの内、必要としない余分なエネルギーは有機物として体内に蓄えられ、植物はさらに巨大化していった。死んだ葉は落ち葉として木の根元にたまり続け、木の内部にも古くなった細胞がたまり続け一本の木は数十メートルを超す大木になった。

植物しかいない惑星でその状態が何千万年も続いたとすると、植物の死骸は蓄えられた大量の有機物と共に海底にも陸上にも大きな山のようになるまで蓄積し続ける事になる。そして、大気はゴミのように毎日捨てられた酸素で満たされる。

人類が現れる前の地球を1000m上空から眺める事ができたとして、どんな景色が見えるだろうか。山岳地帯も平らな土地も見渡す限り植物で埋め尽くされている事だろう。例えば屋久島の原生林のような景色を想像すればよい。動物が居たとしても確認できないほど小さい。すると、本来地球も圧倒的に植物の方が多い植物だらけの星だという事になる。動物は植物に依存して生きているのだから、数も量も圧倒的に少ない。

本来、動物は植物に寄生する虫のように小さい存在だと考えるべきで、人類が登場する前の地球では植物の方が圧倒的に優位な立場に居ると考えて良いだろう。だから、人類の存在を考慮しない場合の地球において、動物が地球環境に与える影響などほとんど無いという観点に立って話を進める事にする。

地球が本来植物だらけの惑星なら、植物が行っている行為の方を優先して考えなければならない。植物が行っている行為と言えば光合成である。光合成とは植物が太陽のエネルギーを使って二酸化炭素と水から炭水化物と酸素を作る働きである。

植物は10億年以上の間光合成ばかり行ってきた。言い方を変えると、永い年月をかけて植物は光合成しか行っていない。では、過去に光合成によって作られた物の内、一方が酸素ならもう一方の生成物である有機物はどこにあるのだろう。酸素が地球の表面を覆うほどの量になっているのだから、その酸素の量に見合うだけの大量に蓄積した有機物がどこかに眠っているはずである。

この発想は後の話を進める上でとても重要になる。誰も気にしない事だけれど、この発想を元に謎解きが始まった。永い年月をかけて大きく育った木を単なる燃料だとしか思えない人は即刻考えを改めて頂きたい。

例えば、木を燃やすとする。材料は木と酸素であり、燃やした結果二酸化炭素と水が気体となって空気中に出て行き木は無くなる。そして、この反応と全く逆の反応が植物の体内で行われていて光合成と呼ばれている。材料は水と二酸化炭素であり、光合成の結果炭水化物が作られて空気中に酸素が放出される。

動物は食物を食べて体内で分解し、エネルギーを取り出した後に口から二酸化炭素を出している。動物が生きていく上で酸素が必要なのは体内で食物を分解する時に必ず酸素を使っているからである。木が燃える時と同じ反応が動物の体内でゆっくりと起きているのだから、動物と植物はそれぞれの体内で全く逆の反応が起こっていると考えて良い。

植物の光合成の方が多ければ酸素が増え、動物が植物を食べる量の方が多ければ、二酸化炭素の量が増える。

この全く逆の反応をエネルギーの収支で考えてみると、エネルギーを蓄える反応が植物の光合成であり消費する反応が動物の呼吸作用である。光合成によってできる炭水化物をコインに例えるとすると、植物は1枚のコインを作る度に酸素を1個放出する。植物がコインを作る側であり、動物がコインを使う側である。そして、動物は1枚のコインを使う度に酸素を1個使う。

現在の地球には酸素の方が圧倒的に多く残っている。コインが作られる時にしか酸素が作られないのだとすると、酸素の量に見合うだけのコイン、すなわち有機物が大量にどこかに存在しなければ計算が合わない。蓄えられた大量のエネルギーがまだ発見されずに地中に多く眠っていると考えなければ酸素の方が多く残っている事の説明ができない。この考え方が謎解きの出発点である。

酸素だけが大量に残っているのだから、過去に植物しかいない時代、あるいは分解する者が居たとしても圧倒的に植物の方が多い時代が永く続いて光合成の方が盛んに行われていた。そして、有機物と酸素が大量に作られ続けた。では、その作られ続けた二つの物質の内、大量の有機物の方はどこにあるのか。過去にさかのぼって調べるしかない。思い当たる大量の有機物として思い浮かぶのは、まず石油と石炭の二つである。

石油について

石油がどのようにして作られたかについて定説がない。しかし、分解されずに残った大量の有機物である事は間違いない。有機物は光合成によってしか作られないのだから、石油は植物由来の物だろう。石油について調べる事から始めた。情報源として私はウィキペディアを選ぶ事にした。常に最新の情報を取り入れようとしている事と、その情報源まで詳しく書かれているからである。ウィキペディアから引用する。

『主に化石燃料として、世界中でさまざまな用途で使用されており、現代人類文明を支える重要な物質であるが、膨大な量が消費されており、いずれ枯渇すると危惧されている。近年では、シェールオイルやオイルサンドなどに代表される、非在来型資源と呼ばれる資源が注目を集めている。存在自体は古くから知られていたものの、これまでは掘削技術や採算性の面から、開発が行われてこなかった。近年の掘削技術の進展や原油価格の高騰により、採算が取れる見通しとなったことから、2015年では北アメリカを中心に開発が進められている。シェールオイルの資源自体は世界中に遍在し、埋蔵資源量も在来型の石油資源を上回ると見込まれていることから、石油のさらなる安定供給や資源の偏在の解消が期待されている一方で、在来型の石油資源と比べ掘削費用が高く、石油価格の低迷時には油田開発が低迷する傾向がある』「石油」(2023年5月29日（月）04：14 UTCの版)『ウィキペディア日本語版』

アメリカでは石油が限りある資源である事を認識し始め、シェールオイルに目を付けた。

シェールオイルとは石油成分を多く含む頁岩層から採取される石油の事である。頁岩はシルトと呼ばれる泥のような小さい粘土鉱物が集まって堆積した岩石である。すると、石油は泥が堆積する海底で作られた事になる。

石油の由来について、諸説あるが生物起源説が最も有力だという記述があった。生物起源説についてウィキペディアから引用する。

『現在の学説の主流である。百万年以上の長期間にわたって厚い土砂の堆積層に埋没した植物や藻などの生物遺骸は、高温・高圧下で油母（ケロジェン）という物質に変わり、次いで液体やガスの炭化水素へと変化する。これらは岩盤内の隙間を移動し、貯留層と呼ばれる砂岩や石灰岩など多孔質岩石に捕捉されて油田を形成する。この由来から、石炭とともに化石燃料とも呼ばれる』「石油」(2023年5月29日（月）04：14 UTCの版)『ウィキペディア日本語版』

過去にさかのぼって色々な事をこれから調べる訳だが、過去の時代と言っても地球の歴史は45億年前から始まる。生物が現れ始めた事は化石によって調べるしかない。その化石を調べ、古代生物の盛衰の様子から過去の時代を分類し、それぞれの時代に名前を付けている。そして、それらの時代を総称して地質時代と呼んでいる。

地質時代は地中から掘り出される動物化石によって古生代、中生代、新生代の3つに大きく分類される。6300万年前から始まる新生代は哺乳類の時代であり現在まで続く時代である。恐竜が繁栄した時代は2億2千万年前から6300万年前までの中生代。石炭が大量に作られた石炭紀と名付けられた地質時代は古生代に含まれ、古生代はおよそ6億年前から2億2千万年前までの時代である。

古生代 6億年前～	**中生代** 2億2000万年前～	**新生代** 6300万年前～
カンブリア紀、 オルドビス紀、 シルル紀、デボン紀、 石炭紀、ペルム紀、 陸上植物の登場、魚類、 両生類の登場	三畳紀、ジュラ紀、白亜紀 爬虫類（恐竜）の時代	第三紀、第四紀 哺乳類の時代

図1　地質時代について

それ以前の時代は先カンブリア時代と呼ばれてひとくくりにされていた。掘り出される動物化石が極端に少ないのだから不明の時代、謎だらけの時代である。しかし化石として残っていないだけで、動物はいただろう。動物は植物と酸素がなければ生きてゆけないのだから、まず海水中に植物がいて、植物が作った酸素がたっぷりとあったはずである。動物はある濃度以上の酸素がなければ生きてゆけないのだから、動物がいる世界には動物が必要としている量より多い酸素があったはずである。一定の濃度以上の酸素があるなら、同時に作られたはずの、その酸素量に見合う有機物がどこかに眠っていなければ計算が合わない。植物によって作られた酸素は毎日ゴミのように捨てられ、有機物はたまり続けるはずだと考えたのである。

何故なら、酸素が作られる時には必ず有機物が対になって作られるからである。

ある書物には25億年前の岩石中にクロロフィルを持つ植物性の生活系を営む痕跡があった、と書かれている。クロロフィルとは光合成をおこなう為に必要な物質なので、25億年前から既に植物のような生き物がいて光合成を行っていた事が考えられる。石炭紀に地表を埋め尽くすほどたくさんあった大森林のように、古生代以前の海中には多くの動物を養うだけの植物がたっぷりあったはずである。その植物が19億年間、光合成をし続け有機物と酸素を作り続けたのである。その大量の植物が死んだあと有機物が分解される事なく海底にたまり続けたとしたら、地層の中には大量の有機物が挟まれて残る事になる。石炭以外に大量に蓄積した有機物と言えば石油と天然ガスしか思い浮かばない。

その当時の植物が細胞のような大きさであって、一つ一つがとても小さかったとしても19億年という時間はとてつもなく長い。地球が本来植物だらけの星であって動物が植物に寄生する虫のような存在なら、古生代以前にとんでもない量の有機物がたまり続けたと考えるしかないと私は感じている。現に酸素がたくさん残っているのだから、そう考えるしかない。しかし、多くの学者は動物化石にばかり気を取られて植物の方に目を向けようとしない。

石油は古生代以前に地球に居た生物の痕跡、遺骸のようなものが変成した物だと考えるべきだろう。私はそのように考えた（この考えは後になって誤りである事に気が付く。古生代以前に作られた有機物の行方と、石油がどのようにしてできたのかについての謎は最後に解き明かしている。徐々に明らかになる訳だが、私はこの時点で、その誤りに全く気が付いていない。謎を解きながら話を進めているのだから、これ以上の事について今は触れない）。

植物の働きだけで説明したが、古生代以前には植物を食べる動物も当然いた。動物の遺骸も石油の元になった。動物の体も元を正せば植物が作った有機物からできているのだから、石油は全て植物由来の有機物だと言って良い事になる。

石炭について

●石炭の成り立ち

石炭は古生代の内の石炭紀とペルム紀と呼ばれる二つの地質時代の地層から多く掘り出される。掘り尽くせないほどのとんでもない量の石炭がこの時期の地層に埋まっているのだから、この時代の地表には背の高いシダ類が生い茂り、地表を埋め尽くすほど繁茂していた事が想像できる。

植物は水なしでは生きていけない。だから、その生命の始まりは海中である。光も必要なのだから、主な生育場所は海面から数十メートルの狭い範囲に限られる。しかも波の荒い場所では生きてゆけない。しかし陸上であれば水さえ調達できる場所なら、どこであろうと光をふんだんに浴びる事ができる。乾燥に耐える体を獲得した植物は陸に上がって生息範囲を広げていった。

川があって光を十分浴びる事のできる陸上は植物にとって天国のような場所なのである。体を支える茎を獲得し、光をたくさん受けられるように葉も獲得した。石炭紀に繁茂していた植物は背の高い木のようなシダなので木性シダと呼ばれている。シダ類は胞子で増えるのだから乾燥に弱い。だから、湿地にどんどん生育場所を広げて、海岸近くの低湿地帯を覆い尽くすまでになった。

石炭紀はおよそ6000万年、その次に続くペルム紀は5000万年、合わせて1億1千万年の間に堆積した地層の中に石炭が分厚く堆積している。その間ずっと光合成をしていたのだから酸素濃度は石炭紀の中頃に35％に達していたそうである。現在の酸素濃度が21%だから、当時はとても酸素の多い環境だった。

光合成の為に必要な二酸化炭素は火山活動の際に放出される。少ない量であったとしても、絶えず供給される気体なので、二酸化炭素はどんどん同化されて植物体内に取り込まれ続けた。そして、副産物として酸素が放出され続けた。

石炭紀には木性シダの周りに昆虫類が居て、それを食べる両生類も居た。両生類は水中で卵からかえった後しばらくの間、魚類のように鰓呼吸をして水中で過ごす。その後、肺ができて空中でも暮らせるようになる。カエルとオタマジャクシの関係である。水中と空気中の両方の世界で生きてゆけるので、両生類と呼ばれている。しかし、両生類は水辺から離れられない生き物なので生息範囲は限られている。そして、現在生きている両生類はイモリ、カエル、サンショウウオ、どの動物も植物を食べない。木性シダが繁茂する石炭紀、ペルム紀の間中、植物はほとんど食べられる事がなかったと想像できる。

書物によると、それまでバランスを保ちながら水中で生きてきた動物と植物の関係が木性シダのような大型の陸上植物の登場で大きく崩れ始めた、とある。

両生類が出現する前の魚類全盛の時代には全ての生き物の営みが海中で行われていた。そして、ある時を境に植物が陸上へと進出していった。動物が全く手出しできない陸上へと植物がどんどん進出していった。そして、動物が放出する二酸化炭素の量より光合成によって植物に吸収される量の方が多くなり、空気中の二酸化炭素濃度が下がっていった。陸上ではエネルギー収支のバランスが崩れ始めコインを蓄える反応ばかり続いた。その結果空気中の酸素がどんどん増えていった。そして、二酸化炭素がどんどん減っていった。

二酸化炭素には温室効果があって地球の温度を上げる効果があるのだが、その濃度が下がったので地球が寒冷化した。そして、氷河期に入ったそうである。氷河期に入ったと言っても、赤道直下の地域は相変わらず木性シダが生い茂る高温多湿な気候だったらしい。とにかく、陸上植物の大繁栄は地球環境を大きく変えたのだ。

実際、石炭紀が終わり、ペルム紀が5000万年ほど続いた後で海中の多くの動物が滅んでいる。海中で生きる多くの生き物が一斉に絶滅したのだから、それを一つの区切りとして、それまでを古生代、それから後の時代を中生代と呼んでいる。では、海中で暮らす多くの生き物が絶滅した古生代末期のペルム紀には海中では何が起こっていたのだろうか。

ペルム紀の頃、陸上に居た動物は昆虫類、大型の両生類、そして原始的な爬虫類であり、恐竜類はまだ出現していない。水中で絶滅した動物は四射サンゴ、三葉虫、フズリナ、海リンゴ、多くの甲殻類、魚類の中では板皮類などがある。何故絶滅してしまったのだろうか。

絶滅した生物に共通しているのは、移動できないか移動するのが苦手な生き物ばかりだと言える。木性シダの大繁栄で酸素濃度が35%にまで上昇した。二酸化炭素濃度が低下して寒冷化して氷河期に入った。現在、海水温が少し上昇するだけでサンゴが住めない環境になりサンゴが減少していると聞く。海水温が大きく低下して住めない環境になったので絶滅したのかも知れない。魚類の中で軟骨魚類の一部と硬骨魚類は生き残っている。より良い環境を求めて大きく移動できる生き物だけが生き残ったと解釈できる。

新しく登場した生物によって地球の環境が大きく変化する。そして、植物と動物のバランスが崩れるだけでも地球環境が変化する事がある。地球環境が大きく変化すると、それまで栄えていた多くの生き物が絶滅し、変化に対応できた生き物だけが生き残る。これは、話を進めていく上でとても重要な事なのでしっかりと押さえて欲しい。生き物が変遷していく様子を知る事は人類の行く末を考える意味でとても重要になるので、さらに続ける。

●石炭が分厚く堆積している謎

恐竜が出現する前の石炭紀の頃、地表を埋め尽くすほど繁茂していた木性シダ類は石炭として地中に眠っている。過去に植物が光合成で作った炭水化物が分解される事なく石炭として地中に残っていたのである。

早速調べてみた。石炭だけが堆積している場合、それを石炭層と呼び最大100mの厚さだったそうである。そして、砂の層を挟んで石炭層が何層にもなっている場所があって、最大のものは100層の石炭層が重なり全体の厚さは800mにもなっていたとある。これは、考えようによっては実に不思議な事である。

石炭の起源について、世界中の学者がどのように考えているのかが気になったので、調べてみた。ウィキペディアから引用する。

『古生代においては、菌類等の分解者がまだ出現していなかったり少数派であったりしたため、大量の植物群が分解前に埋没していた。植物の遺体が分解されずに堆積する場所として湿原や湿地帯が挙げられる。これらの場所においては、植物の死体は酸素の少ない水中に沈むことによって生物による分解が十分進まず、分解されずに残った組織が泥炭となって堆積する。泥炭は植物が石炭になる入り口とされている。他の成因として大規模な洪水で大量の樹木が湖底等の低地に流れ込んで土砂に埋まることも考えられる。地中に埋まった植物は年代を経るに従って 泥炭→褐炭→瀝青炭→無煙炭 に変わってゆく。この変化を石炭化と呼ぶ。』「石炭」(2023年3月24日(金)10：11 UTCの版)『ウィキペディア日本語版』

現在、地表に生えている植物は枯れると分解されて土に戻る。シロアリとか菌類によって原型が残らないほど分解されてしまうからである。石炭のように分解されずに残る事はなく、ましてや地表に分厚く800mも堆積する事はない。という事は、石炭紀、ペルム紀にはシロアリや菌類などの分解者が居なかった事が考えられる。菌類とはカビ、キノコの仲間の事であり、植物と動物を分解するので分解者と呼ばれている。そこで、又一つ仮説を立てる事にする。

仮説2　草食動物とシロアリ、菌類などの分解者が居なかった石炭紀、ペルム紀では炭水化物は分解されずに残る。枯れた木はそのようにして分解されずに残った。

ここで私の頭の中で疑問が生じた。石炭が植物化石だとして、何故分厚く大量に残ったのだろうか。最大100mもあった1枚の石炭層には砂とか小石の層が挟まれていない。だから、堆積した場所は湿原や湿地帯ではなく陸地だろう。何故なら、例え大洪水があって斜面が崩れ、流木が湿地帯に運ばれたとしても必ず一緒に運ばれた砂が混じるはずだからである。

石炭層が何枚も重なっている場合、その間に砂の層があったのだから、堆積した場所は海岸に近い低地だろう。何故なら、海に運ばれた砂は勢いを無くしてすぐに海岸近くの海底に沈むからである。では、同じ場所で石炭層が100枚重なって800mもの厚さに堆積したのは何故だろうか。

縄文海進という言葉がある。縄文時代に地球全体の気温が上昇した。すると、極地にある氷が溶けた。溶けた氷が海に流れて海水の量が増えた。増えた結果海面が上昇した。最大170m

海面が上昇したそうである。陸地が沈降したのではなく海面の方が上昇した。これを海進と呼ぶ。逆に海面が下がる場合を海退と呼ぶ。

縄文海進があった頃、大阪平野は南北方向に細長く連なる上町台地とその南方に広がる陸地だけが残り、上町台地と生駒山の間一帯は広い内海になった。上町台地の北端に大阪城があるのだから、見晴らしの良い小高い場所を選んで大阪城を作ったという事になる。

縄文時代の人達は、貝塚が残っている事から分かるように主に貝を拾って食べていた。貝塚とは食べた後の大量の貝殻を埋めた場所の事である。だから、彼らは海岸近くに住んでいた。しかし、上流の場所にも彼らの住んでいた痕跡が残っている。

縄文時代の遺跡が内陸部にまで広がっているのは海面が縄文海進によって今より170mほど高くなっていたからである。

何枚も重なる石炭層の間に砂の層があるので、木性シダが堆積した場所は海岸近くだと考えて良いだろう。地球全体の気温が変化すれば海面の上昇と下降が起きる。この事は縄文時代の遺跡が内陸部にまで広がっているのだから間違いない。では、何枚も重なる石炭層の間に砂の層があるのは、地球全体の温度変化によって海面の上昇と下降があったからだと解釈できる。では、同じ場所で800mもの厚さになったのは何故だろうか。

今の時代に枯れ木が分解されずにうず高く積みあがっていくような場所はない。どんどん枯れ木が積みあがって盛り上がり、100mの大きな枯れ木の山ができた、なんてことはない。今の常識では考えられないような事が地質時代の石炭紀に起こっていたと考えるしかない。そんな事が実際に起こり得るのだろうか。

●地殻の沈みこみ

有史以来、オランダでは現在でも土地の面積がどんどん増えているそうである。氷河期と呼ばれる寒冷期が永い間続いて、デンマーク地方は分厚い氷におおわれていた。その氷の重みで土地全体が下がっていたのである。その後氷河期が終わり土地を覆っていた氷が全て溶けた後、土地が隆起し始めたらしい。

重い物が乗っかれば土地は徐々に下がっていくのである。たとえそれが氷であったとしても、数千メートル積もればその重みで土地は徐々に下がっていく。そして、その重い物がなくなれば土地は再び浮き上がって隆起し始めるのである。土地が隆起し始めると、それまで押し込まれていた土地が海面から顔を出し国土がどんどん増えていく。実に想像しづらい事なのだが、そのような事が起こっていた事が理解できなければ、分厚い石炭層の由来を理解する事ができない。

地球の表面には厚さ数キロ〜数十キロメートルの地殻と呼ばれる岩石層がある。その地殻は海底では薄く、陸上では厚い。そして、これまた実に想像しづらいのだが、地殻の下には液体のように流動性のあるマントルという固体がある。固体なのだが長い年月の間には液体のように地下で対流し動き続けているというのだから、知らない人にとっては驚きでしかない。マントル対流説であり、大陸移動説の事である。大学生の頃に初めてその内容を書物で知ってとても驚いたのを覚えている。

牛乳を加熱すると表面に薄い膜ができる。薄い膜が地殻にあたり、牛乳がマントルにあたる、と考えても良い。薄い膜の上に何かが乗っかれば、その重みで薄い膜は沈み込む。下の牛乳が対流して動けば、薄い膜はつられて動き、しわができる。山脈はそのようにしてできた地殻のしわと考えて良い。地殻はマントルが対流する事によってゆっくりと動き、大陸でさえも動いて移動する事がある。

かつてインドは小さい大陸だったのだが移動してユーラシア大陸にぶつかり、その下に潜り込んだ。その影響でユーラシア大陸の一部が盛り上がってヒマラヤ山脈を作った。そして、現在でもヒマラヤ山脈が隆起し続けている、というのだから驚くしかない。

とにかく、地殻の上に重い物が乗っかり続ければ、下にあるマントルは徐々に下がり続けるのである。とても信じられないような話なので、いくつか例を挙げる。

アメリカには流域面積の大きなミシシッピ川がある。支流は枝分かれしてアメリカ国土の広い面積を流れている。雨によって洗い流され川によって運ばれる土砂の量はとても多いだろう。その大量の土砂は全てメキシコ湾に流れ込む。もし、メキシコ湾の海底が固くて沈み込まないとすると、運ばれてきた土砂は河口付近にどんどん積もっていくはずである。そして、扇状地のように河口から突き出た扇型の広い陸地になっていくはずである。そうなっていないのだから、運ばれてきた土砂はどこへ消えたのか。

土砂は小石と砂なのだから遠くまで運ばれる事はない。小石はすぐに沈む。砂はより遠くへ運ばれたとしてもいずれ沈む。泥はさらに遠くへ運ばれたとしても南アメリカまで運ばれる事はないだろう。全てメキシコ湾内で沈む事になる。

北アメリカの地形はいつごろからあの形をしていたのだろうか。ミシシッピ川はいつから流れ続けているのだろうか。仮に

1000万年前から地形が変わっていないのだとすると、1000万年間運ばれ続けた土砂がメキシコ湾の沖合に分厚く積もっているはずである。しかし、地形が変わっていないのなら、運ばれた土砂はどこへ消えたのか。

順に考えていくと、とても不思議な事だという事に気が付くはずである。土砂の重みで地殻がゆっくりと沈み込まないと土砂の行方についての説明ができない。どんな物であろうと徐々にゆっくりと積もり続けると地殻はその重みで下がってゆくのである。

大阪湾でも東京湾でも、今現在同じ事が起こっている。大阪平野の地下には大阪層群という地層が広がっているのだが、その地層は平野の周辺部では薄く中央部では分厚い。このように地層が弓なりに下がって中央部が分厚くなっている構造を地向斜と呼んでいる。

縄文時代には縄文海進によって大阪平野の大部分は海だった。海だった時代に上流から運ばれてきた土砂が海底に堆積した。そして、地球全体の気温が下がり、極地に氷が分厚く堆積する事によって海面が下がった。そして、それまで海だった場所が陸地になり大阪平野ができた。平野という位だから、平らな土地だ。しかし、平野の中央部ほど地層が弓なりに下がり地向斜構造になっている。大阪平野のような狭い範囲だったとしても、同様に地殻は下がり続けたのである。

これで謎が解けた。石炭層の中に砂とか小石が混じっていないのだから、石炭が堆積した場所は陸地である。分解される事なく同じ場所で植物が繁茂し続けると、その重みで周辺の土地は徐々に下がっていく。氷の重みで陸地全体が広い範囲で沈む事を考えると、材木の重みで周囲一帯が沈み込んだっておかしくない。海進と海退があって砂の層が挟まれる事があったとしても、同じ場所で木性シダが堆積し続けた。そして、800mの厚さになった。地殻の沈み込みを考慮しないと石炭層を含む800mの厚さの堆積層が作られた訳を説明する事はできない。

ある書物では、石炭が生成されるまでの過程が一枚の絵としてあらわされていた。そして、その絵の説明文の中に地殻の沈み込みについての記述が無かった。すると、私のような解釈は今までに無かったという事になる。恐らく、研究者の関心が石油の方に移ってしまって、大陸移動説が登場する前に石炭の研究が止まってしまったからだろう。

中生代、新生代の地層からも石炭が見つかっている。では、今も植物が積もり続けて地殻が沈み込んでいる場所があるかも知れない。ロシアにタイガと呼ばれる大森林地帯が広がっている。アマゾンには熱帯雨林が広がっている。それらの森林の地下を掘ってみて木材の沈み込みが確認できれば、今もその場所に石炭が蓄積されているという事になる。

2章　窒素について

石炭について考えていて、また新たに疑問が生じてきた。石油にはいろんな有機物が含まれて居るのに、石炭は主に炭素しか含まれて居ない。有機物とは炭素を含む複雑な化合物の事である。そして、石炭は有機物の少ない炭素のかたまりのようなものである。この違いは一体どのようにして生じたのだろうか。子供がふと感じるような、実に素朴な疑問である。誰も着目しないだろうけれど、気になったので考えてみた。

生物を構成している元素は主に炭素、水素、酸素、窒素の4種類である。元素記号を並べると、CHONになる。その4種類の元素が炭素原子を骨組みとして結合して有機物を作っている。食物として食べている有機物は主にタンパク質、脂肪、炭水化物の3つであり3大栄養素と呼ばれる。脂肪と炭水化物は活動の為のエネルギー源として使われるが、タンパク質は違う。タンパク質は分解されてアミノ酸となり、アミノ酸は成長する時と古くなった細胞を新しくするときに使われる。アミノ酸は細胞を作る為の材料なのである。

全ての生物は細胞から成っていて、細胞は主にタンパク質からできている。タンパク質はアミノ酸が結合した物であり、アミノ酸には窒素が必ず含まれて居る。そして、石油には窒素化合物が含まれて居るが、石炭にはほとんど窒素化合物が含まれて居ない。大量の木性シダが石炭になったとして、石炭の大部分は主に骨組みに当たる炭素だけが残っている。他の窒素、水素、酸素はどこへ行ったのだろうか。酸素と水素は結合して水になり、水蒸気として大気中に出たとして、窒素だけが行方不明である。では、石炭ができる過程で放出された窒素が大気中の窒素の元になったと言って良いだろうか。

書物によると、木星、土星、天王星、海王星などの惑星に多量に認められる気体はメタンとアンモニアだと書かれているが、窒素ガスについての記述がない。メタンもアンモニアも惑星が冷えていく過程で惑星の内部から放出された気体だろう。それぞれの惑星はどれも大きく地球よりも引力が大きいから宇宙に飛散する事なく惑星の表面に残っているのだろう。そして、地球とよく似た火星と金星の表面には二酸化炭素が多いと書かれていたが、窒素ガスについての記述が無い。では、地球の大気の8割を占める窒素は他の惑星にはない特殊な気体だという事になる。地球には生き物が居るのだから、窒素ガスの生成には生き物の働きが関与しているに違いないと私は思った。

細胞は主にタンパク質からできている事は既に述べた。タンパク質はアミノ酸が幾つも結合した物であり、アミノ酸には窒素原子が必ず含まれて居る。全ての生き物にとって窒素は欠かせない元素なのである。

植物細胞には必ず窒素が含まれて居る。草食動物は葉を食べる事によって窒素を体内に取り込んでいる。肉食動物は草食動物を食べる事によって窒素を体内に取り込んでいる。人間が必要としている栄養の中に必須アミノ酸というものがある。人間の体内で作る事のできないアミノ酸だから必須アミノ酸と呼んでいる。全て窒素原子が絡んでいる。このように、生物にとって窒素原子はとても重要な原子なのである。

メタンは炭素と水素の化合物であって、アンモニアは窒素と水素の化合物である。どちらの気体も惑星が冷えていく過程で火山から放出された気体だとすると、地球も同じように冷えていく過程で窒素はアンモニアの形で放出されたと考えて良いだろう。アンモニアはとても水に溶けやすい気体なので、大量の水があれば吸収されて大気中には残らない。では、水に吸収されたアンモニアはどのようにして窒素ガスになったのだろうか。

窒素は主に植物だけが同化、つまり、体内に取り込む事ができる気体だろう。植物が居なければ動物は窒素を体内に取り込む事ができない。だから、全ての動物は植物に依存して生きている。しかし、通常、植物は空気中の窒素を気体のままで体内に取り込むことができない。水に溶けた窒素化合物を根から吸収するしか他に方法がないのである。

栽培植物を効率よく生育させる為に肥料を与えているが、必要な物として与えられるのは窒素、リン酸、カリウムの3つである。窒素は気体のままではなく窒素化合物として与えられ、植物は水に溶けたそれらの栄養分を根から吸収している。空気中にいくらたくさん窒素があったとしても植物には直接利用できない気体なのである。だから、酸素と二酸化炭素のように、生物の働きの中で窒素ガスの量が大きく変動する事はない。窒素ガスは生物の働きに左右される事のない安定した気体だと言う事ができる。

マメ科の植物の根には根粒バクテリアが共生している。例えば野原に咲くレンゲを引っこ抜いて見ると、根の所々に小さいこぶのような物が付いている。これを根粒と呼び、中には根粒バクテリアが棲みついている。このバクテリアは空気中の窒素ガスを体内に取り入れて窒素化合物にしている。レンゲはその窒素化合物を吸収して利用する代わりに、バクテリアに住みかと他の栄養分を与えている。共に助け合って生きる関係なのだから、この二つの生き物は共生関係にあると言える。結果としてレンゲは空気中の窒素を利用している事になるのだが、根粒バクテリアが居なければ窒素ガスを吸収できない。

この事から分かるように植物は空気中の窒素を直接体内に取り込む事ができない。動物ももちろん空気中の窒素を体内に取り込むができない。すると、窒素ガスは一部のバクテリアを除けば生物の活動に全く関与しない気体、言い換えると窒素ガスは一旦放出された後では、生物が直接関与できない安定した気体なのである。では、他の惑星には見られない空気中の窒素ガスは一体どのようにして作られたのか。

木性シダが陸上に大量に堆積したとする。そして、それが地殻の沈み込みによって地中深くに押し込められたとする。マントルの影響で押し込められた木性シダは高温状態になるだろうし、凄い圧力がかかるだろう。もちろん酸素と接触する事も無い。そんな状況下で生物の働きがあるとはとても思えない。では、生物の働き以外の方法とは。

木性シダを構成している炭素、水素、酸素、窒素の原子が高温高圧の条件下で切り離されて炭素だけが残ったのだろうと私は思っている。分かり易く例えるなら、大量の木炭が地下深くの場所で作られたようなイメージである。

実際、木炭が作られる際には、木材を高音で熱した後で空気の入り口を塞いでしまう。燃焼が続けば炭素が二酸化炭素になって飛散してしまうので木炭は残らない。だから、酸素の供給源を遮断して無酸素の状態にし、木炭を作っているのである。そして、木炭の中でも上質の物は備長炭と呼び不純物を含まないので煙がほとんど出ない。煙は硫黄、窒素等、炭素以外の元素が酸化したものなのである。硫黄が酸化すれば亜硫酸になり、窒素が酸化すれば亜硝酸になる。どの酸化物も刺激臭がある。だから煙たいのである。日本人は古来木を木炭に加工して燃料に用いた。そして、煙の少ない木炭を作る技術を取得していた。不純物を含まない主に炭素だけでできている木炭を作る事ができたのである。西洋には木炭を作る発想は無かったのではないだろうか。

石炭の中で最も古い時代の石炭紀の地層から出る物は炭素を多く含み、燃やす時に煙が出ないので無煙炭と呼ばれる。無煙炭は不純物を含まない炭素の塊のようなものである。窒素、硫黄などが切り離され、含有成分として炭素をとても多く含む上質の石炭なのである。備長炭を作る時と同じ事が地下深くの場所で行われているのである。では、切り離された窒素はどこへ行ったのか。

ネットで石炭について調べた。最も信頼できる情報としてウィキペディアを選んだ。その中に石炭化という項目があったのでそのまま引用する。

『石炭化は多様な化学反応を伴った変化である。セルロースやリグニンを構成する元素は炭素、酸素、水素であるが、石炭化が進むに従って酸素や水素が減って炭素濃度が上がってゆき、外観は褐色から黒色に変わり、固くなってゆく。炭素の含有量は泥炭の70％以下から順次上昇して無煙炭の炭素濃度は90％以上に達する。』「石炭」（2023年3月24日（金）10：11 UTCの版）『ウィキペディア日本語版』

この文章の中に窒素は含まれて居ない。しかし、泥炭、褐炭、瀝青炭、無煙炭と古くなるにつれて炭素の含有率が上昇する事について、はっきりと明記されている。炭素の含有率が上がるという事は炭素以外の成分がどこかへ行ったという事だ。そして、窒素についての記述が無かったとしても、地下深くに押し込められた木性シダに窒素が含まれて居る事は明らかである。何故なら、全ての生き物はタンパク質からできているからである。石炭化が進むにつれて酸素、水素と同様に窒素が切り離されてどこかへ行ってしまったのである。どこへ行ったのか。そして、多くの学者たちは何故窒素だけを敢えてのけ者にしようとするのだろうか。

大量に堆積した木性シダが地下深くの場所で無酸素の条件下で高温高圧の状況になった。そして、炭素以外の原子の内窒素は気体の形で大気中に放出された。石炭が作られる過程で窒素ガスが空気中に放出されたという発想なのだが、何故今までにこのような発想が無かったのだろうか。

石炭について考える時に、日本人であれば木炭の事がすぐに思い浮かぶ。備長炭と無煙炭の対比についても同様である。西洋の学者には木炭についての知識が無い。だからこのような発想が浮かばなかったのだろう。

日本の学者は西洋の学者に追随している。西洋の論文に基づいて研究を進めていると言って良いだろう。だから、日本人ならすぐに思いつくはずの、『石炭と木炭との共通点についての発想』が思い浮かばなかったのだろう。しかし、世界中の学者達は何故窒素だけを除外して考えようとするのだろうか。これも私にとって大きな謎である。

すでに述べたように、大きな川が海に流れ込む場所では、運ばれてきた土砂の重みで地殻が下がる。石炭が最大800mも堆積し続けていたのだから、同じ場所ではおそらく1㎞以上の堆積層ができただろう。土砂が1㎞の厚さで堆積したとして、地下の圧力はどれ位だろうか。そして、地下1㎞の温度はどれ位だろうか。海底での地殻の厚さは5～6㎞だと記憶している。地下の温度はマントルの影響を受けて、深くなればなるほど温度が上昇する。高温高圧の条件下では窒素が炭素から切り離されて放出され、窒素ガスになって大気に放出された。

この事は実験で確認できると思う。植物を無酸素の状態で高温高圧の状態にし、少しでも窒素ガスが出る事が確認できれば私の考えが正しい事になる。何故なら、地下深くでは何十万年、あるいは何百万年もの長い間、高温高圧の状態が続くからである。そして、この事が確認できれば、空気中の窒素は石炭が生成される過程で作られたと言って良い事になる。是非このような実験をするべきである。

空気中の窒素に対するこの考えは誰からも聞いた事はないし、石炭について考えている内に、ふと思いついた考えである。なるほど、と思えるような説だが、寝っ転がって家で本を読んでいるだけの老人にとってこの事を証明する事は困難である。しかし、この考えに基づいて書き進めたいので、この事を仮説として扱う事にする。

仮説3　空気中の窒素ガスは植物が分解されて石炭、石油、重油になる過程で空気中に放出された。

この仮説が後でとても重要になるのでもう少し掘り下げて考えてみたい。

このような考えが学者によって議論されたかどうかが気になったのでネットで調べてみた。窒素ガスの由来についての記述がほとんどない。大気組成の変化について調べると、ある学者が作ったグラフがあった。45億年前から現在に至るまでの酸素、二酸化炭素、窒素、各気体の増減についてのグラフである。酸素は生物の働きによって大きく増加しているが、窒素についてはグラフの上に位置していて水平になっている。

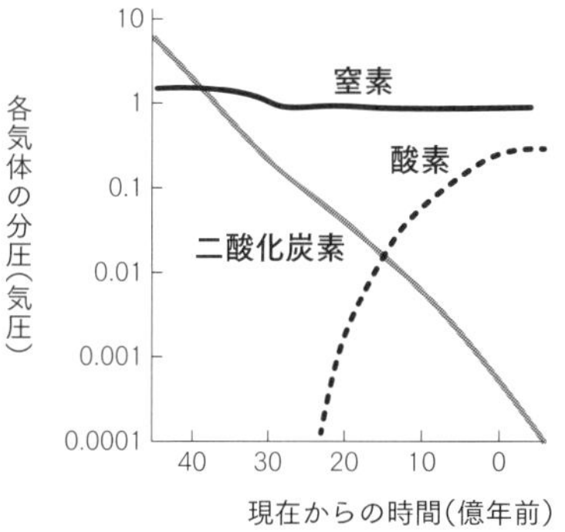

(田近、1995)
丸山茂徳・磯﨑行雄著
『生命と地球の歴史』
(1998 岩波新書)を元に作成

図2　大気組成の変化

45億年前から窒素量の増減は無く、今と変わらない量が既にあったと思われているようだ。他に窒素ガスの由来についての論文が無いのであれば、ほとんどの学者がこのグラフを作った学者と同じ考えだと言って良いだろう。

しかし、このグラフには大きな矛盾がある。酸素濃度についての配慮がされていない。酸素濃度とは大気に占める酸素の割合である。約8割が窒素で2割が酸素。窒素量が45億年前から変わらないのであれば、酸素量の変化に応じて酸素濃度が変化する事になる。仮に、多くの学者が古生代以前の酸素量がとても少ないと考えているなら、古生代以前の酸素濃度は極めて低いという事になる。酸素量が窒素量の50分の1の時期があったとしたら、酸素濃度は2%になる。酸素濃度2%で生物は生きてゆけるのだろうか。

古生代以前にも生物は存在した。富士山頂の酸素濃度は14%ほどで生き物が住める世界ではないと聞いた。もし、酸素濃度2%の世界で全ての生物が生きてゆけないなら、このグラフは間違っているという事になる。

仮に細胞からできている生物が生きてゆける酸素濃度が15%以上必要だとすれば、細胞からできている生物が地球上に現れて以降、酸素濃度は常に15%以上でなければならない。すると、窒素量は常に酸素量の15分の85倍以下でなければならない。そして、窒素量と酸素量は常に連動して変化し、常に一定の割合以上の酸素量が無ければ生物は滅んでしまうはずである。窒素量は常に一定の割合以下の量でなければ生物は生きていけない事になる。この考えのどこが間違っていると言うのだろうか。

では、多くの学者はどのような過程を経て窒素ガスが作られたと考えているのか。いきなり大気中に窒素ガスが登場するわけがない。大気のおよそ80%は窒素である。その量は膨大である。地球が冷えて今のような形になって以来、窒素の化合物であるアンモニアは常に火山活動によって放出され続けた。アンモニアは水に溶け易い気体なのですぐに水に溶けた。アンモニアは一部の植物によって吸収されただろう。しかし、理科の実験で嗅いだ事があると思うが、アンモニアは刺激臭が強くて有毒な気体である。現に肥料として植物に与えている物の多くは窒素酸化物である。そして、そのように植物が窒素化合物を吸収したとしてもその先の説明が無い。説明が窒素ガスにまでたどり着いていない。

ここまで書き進めてきて謎が現れた。岩肌にしがみつくように生えている松の木は岩の割れ目にあるちょっとした隙間に根を差し込んで、岩肌にしがみつくようにして生きている。根の周りに土壌と呼ばれる栄養豊富な土はない。窒素は細胞の材料として欠かせない物なのでどこかで調達しなければならない。しかも、その窒素は水に溶ける形のものでなくてはならない。そして、周りに火山が無いなら空気中にアンモニアも無い。松は水に溶ける形の窒素化合物をどのようにして得ているのだろうか。実に素朴な疑問である。

植物は空気中の窒素を利用できないのだから、水に溶けた窒素化合物を根から吸収するしかない。水は雨として定期的に空から降ってくるのだから、窒素化合物はその水の中に溶けていなければならない。わずかな量であってもその水に溶けている窒素化合物を利用するしか他に方法が無い。では、窒素化合物はどこから来たのか。

雷が多い年は豊作だと聞いた事がある。雷、つまり、放電現象で空気中にある窒素が水に溶ける物質に変わったと考えるしかない。水に溶ける窒素化合物の多くは酸化窒素、つまり窒素と酸素の化合物である。酸素と窒素は空気中にいくらでもある。

雷にそのような力があるのなら、太古の時代、火山ガスに含まれるアンモニアも形を変えて植物が利用できる窒素酸化物に変わったのかもしれない。最近の天気予報は雷が発生している場所まで伝えてくれる。その天気図を見ると、雨雲に伴って至る所で雷が発生している事が分かる。火山ガスに含まれるアンモニアも空気中に含まれる窒素も雷の働きで形を変えて植物が利用できる形に変わったのだろう。松も雷雲の到来を待って少しずつ窒素を蓄えていったのだろう。だから、岩肌に根を下ろした松の成長は遅い。これで謎が一つ解けた。

太古の昔に居た植物たちは雷の助けを得て、岩肌に生える松のように少しずつだが常に供給される窒素化合物を細胞の材料として植物は体内に取り込み続けた。私はこのように解釈した。

この事は実験で確認できる。密閉した容器にアンモニアと酸素の混合気体を入れて水を少量加えておく。その中で長時間放電させて水の中に窒素酸化物ができている事を確認すればよい。もう一つの実験は窒素と酸素の混合気体についての実験である。私はこのような実験施設を持っていないので私自身が直接確認できない。けれど、まず間違いなく実験は成功するだろう。

この事が確認できれば、大気中に窒素が多くない時代でも雷雲の働きで窒素酸化物ができて海水に溶ける。海水中の植物はその窒素酸化物を体内に取り込んで細胞を作る事ができる。細胞が死んだあと、その死骸が窒素を含んだ有機物と共に海底にたまり続ける。たまり続けた大量の有機物が地下深くに押し込められ、高温高圧の条件下で窒素ガスが大気中に放出される。放出された窒素は安定した気体なので空気中にたまり続ける。

これで、窒素がどのようにして植物に吸収され、またどのようにして空気中へと戻ったのかを説明する事ができた。

では、太古の昔から大気中に窒素ガスが地球にあったと考えている学者さん達はこのような窒素の流れをどう解釈しているのだろうか。

大昔から窒素ガス量が一定なら、太古の昔から火山が放出し続けたアンモニアはどこに消えたのか。アンモニアが火山から常に供給され続ける気体だとしたら、アンモニアに含まれている窒素は増え続けなければならない。その増え続けた窒素はどこに消えたと考えているのか。そして、細胞に取り込まれ続けた窒素は生物が死んだときにどこへ消えたと考えているのか。偉い学者さん達ならすぐにでも答えを用意できるだろう。全く門外漢の素人である私にも分かるような素晴らしい答えを是非聞きたいものである。

もし、私の仮説が正しいとすると、石炭紀、ペルム紀の石炭層から大量の窒素ガスが大気中に放出された事になる。石炭紀以前にも植物はいた。これは間違いない。植物が体内に取り入れた窒素は動物にも取り入れられる。それらの遺骸が、石炭が作られる時と同じように地層に挟み込まれて沈み込めば、含まれて居る窒素は空気中に放出される。仮に、15億年ほど前にタンパク質を持つ生き物が現れたとすると、その後ずっと生物は命をつないできたのだから、15億年前から徐々に窒素ガスが増え続けていた事になる。そして、窒素の一部が窒素ガスとして抜けた後の有機物は石油、天然ガスになった。私はそのように推理する。

石油と石炭の違い

石油と石炭の違いについて考えてみた。石炭は主に木性シダが地下深くの場所で炭化してできた物である。当時繁栄していた木性シダはどれも背が高い。背が高くなるには一つ一つの細胞が強化されなければならない。動物は進化の過程で内骨格、つまり骨を獲得した。骨が無ければ単に肉の塊になって体を維持する事さえできない。しかし、植物はある時期を境に細胞壁を獲得した。細胞壁とは細胞を入れる紙の箱のような物である。それぞれの細胞が細胞壁でくっついて全体として壁のような構造になる。植物細胞が死んでも細胞壁は残るのだから、その細胞壁が何層も重なれば柱のような構造になる。そして、10mを超すような高さになった。そして、それらが地下深くの場所で蓄積されて石炭になった。

植物細胞がいつごろ細胞壁を獲得したのか分かっていない。しかし、細胞壁を獲得した植物が現れたとしたら、そして、何層もの細胞壁を持つ植物が現れたとしたら化石としてその痕跡が残るはずである。化石として細胞壁が残っていないのであれば、植物が細胞壁を獲得した時代は陸上植物が現れだしたころ、今から4億年前以上前の古生代だという事になる。

では、それ以前、植物が細胞壁を獲得する以前にいた植物が死ぬと細胞を作っていたタンパク質などの有機物はどうなったのだろうか。光合成で作られた物の内、酸素が大気中に放出されて残っているなら、有機物もどこかに残っていなければ計算が合わない。大量の有機物が分解される事なくどこかに眠っていなければ計算が合わないのである。

陸上植物が現れる前にも植物が居たとして、それらの遺骸が地下深くの場所で分解されずに残されている有機物と言えば石油と天然ガスしかない。

石油は液体だから地層中を移動する。石油は主に黒色頁岩層にあると言う。頁岩とはシルトが熱変成を受けた岩石である。シルトとは風化を受けて砕かれて小さくなった岩石の内、泥より大きく砂より小さい物の事である。石油が主にシルトによって吸着されやすいのだとすると、どの地層から移動して来たのかが全く不明だという事になる。古生代以前の古い地層中に石油があったとして、石油がその岩石から離れて移動するなら、石油がいつ作られたのか全く分からなくなる。石油が古生代以前に作られたとしても不思議ではない。

何故石油が生成された時期にこだわるのかと言うと、執筆中調べ物をしていてグラフを見つけたからである。京都大学学術出版会発行の『生命の惑星下巻』P195に掲載されているグラフによると、石油が主にジュラ紀以降に作られたようになっていた。そして、陸上植物が現れる前の時代、4億年以上前の時代には、ほとんど石油が作られていない事になっていた。

化石として残っていなくても古生代以前の海中にはとても小さい植物がたくさんいたはずである。前述したように本来地球は植物だらけの星なのである。古生代以前に植物がいたなら、光合成をし続けていたなら、酸素と有機物が残っていなければならない。

多くの学者はおよそ6億年前から酸素量が増加した事については認めている。しかし、酸素が作られる度に同化される有機物については認めようとしない。その大量の有機物がどこかへ消えてしまったとでも考えているのだろうか。

植物を中心に考えた場合、植物によって同化された有機物はたまり続ける。後で述べるが、細胞壁を持たない植物が水中で大繁殖したのは、およそ6億年前から4億年前までの2億年間である。植物が2億年間作り続けた有機物は石炭になっていない。その2億年かけて作られた有機物の存在を多くの学者たちは認めようとしないのである。何故だろうか。仮に、植物が動物に全て食べられたとしても、動物が死ねば有機物は残る。2億年かけて植物に同化され続けた有機物は残るのである（この2億年の間に作られた有機物がどうなったのか、についての考察はどの本を読んでも書かれていない。そこで私は石油になったのだろうと考えた。恐らく、ほとんどの学者は謎として捉えていないのだろう。私はこの事を謎だと考えて後で解いている)。

窒素量

書物によれば、植物に含まれる窒素の重量は炭素の重量の30分の1だそうである。仮にここに30gの炭素を含む石炭があったとすると、この石炭が生成される過程で1gの窒素ガスが大気中に放出される計算だ。30tの炭素を含む石炭があるなら生成過程で1tの窒素ガスが放出された事になる。一旦放出された窒素は生物に利用される事が無いのだから、大気中に残る。

石炭が生成される過程で今までにどれぐらいの窒素が放出されたかを計算してみた。

石炭には平均しておよそ85%の炭素が含まれて居るのだから、1gの石炭中には0.85gの炭素がある。炭素を1g含む石炭が生成される過程で30分の1gの窒素が放出される。地質時代に蓄積した石炭量を表したグラフがあったので、石炭に含まれる炭素の量を計算してみると。1.382×10の13乗トンになった。

石炭が作られる際に放出された窒素ガスの量は次の式で求められる。

13820000000000×0.85×1/30t。計算すると、

460000000000t になった。

次に大気中に含まれる窒素ガスの重さを計算してみた。地球の表面積は510000000㎢。大気の重さは1033g/㎠で窒素ガスは

重量にして空気の約75.5%含まれている。計算すると、石炭が作られる際に放出された窒素ガスの量は空気中の窒素の質量のおよそ1000分の1になった。意外と少ない。考え方のどこかに誤りがあったのだろうか。

しかし、酸素の量に見合うだけの有機物がどこかに眠っているはずだというアイデアに基づいて考え直すと、酸素量に見合うだけの炭素が地下に眠っていなければならない。そして、窒素も炭素と同じように植物によって一定の割合で植物体内に必ず同化されるものだと考えると、放出される酸素量に見合うだけの窒素が大気中に放出されなければならない。

炭素と窒素、この2つの元素は光合成と窒素同化の結果揃って同じ割合で細胞に作り替えられる事に着目するべきである。一つの植物細胞が作られる際には、炭素と窒素の重量比が30対1になるように炭素と窒素を用意しなければならない。そして、それらの細胞が死んで蓄積するなら、その比率で地下深くに押し込められ続ける事になる。そして、大量の窒素が放出される。

窒素ガスは酸素より安定した気体である。一方、酸素は色んな金属を酸化させてその金属と化合する。鉄は放置している間に錆びてボロボロになる。これは鉄が空気中の酸素と結合して酸化鉄になる反応なのだから、その時に酸素が消費されている。他にも地表にある岩石表面の金属元素と化合しているかもしれない。空気中の窒素量が酸素量より多いのは窒素が酸素より安定した気体だからと解釈する事ができる。

植物は太陽のエネルギーを使って有機物を作る。炭素と窒素が同化されて植物体内に取り込まれ酸素が放出される。植物が死ぬと有機物の内酸素と窒素は放出されて大気を作り、炭素は地下に潜り込んで石炭、石油、天然ガスを作った。

窒素を酸素と同列にして扱う考えで、今までに誰も着目しなかった新しい発想である。世界中の学者、研究者にとって、おそらく窒素は注目に値しない元素、これまで全く相手にしてこなかった元素だと言える。

私の仮説が正しいとすると、多くの学者さん達が考えた事もない仮説が正しいとすると、今までに無かった切り口で恐竜絶滅の謎が解けるかも知れない。とんでもない考えだが面白くなったので続ける。

前述した炭素量の計算に戻って見直すと、計算に用いたグラフは地質時代に蓄積した全ての石炭量ではなく、採掘された量から推測した量だという事になる。では、石炭生成時にしか窒素が放出されないのだとすると、まだ地下深くには1000倍の量の石炭が眠っているという事になる。本当だろうか?

窒素は植物だけが同化できる物質なので、植物が作った有機物が分解される時にしか発生しない。そして、私の考えが正しければ、この有機物の分解は地下深くの場所で、高温高圧の条件下で行われる。

もう一つ、窒素について調べていてとんでもない考えが浮かんできた。窒素ガスが生物の働きによって作られたとすると、窒素ガスを大気の成分としている惑星又は衛星には生物が居た可能性がある。木星にはエウロパと名付けられた衛星がある。その衛星には窒素と水があるそうである。酸素は窒素の2倍水に溶けやすいのだから、水の中に酸素が溶けているかもしれない。窒素があるなら地球と同じように有機物があったかもしれない。すると、過去に生物が居たかもしれないという事になる。同じ理屈で、生命が居る天体を探す手掛かりとして窒素はとても重要な要素になり得る、という事になる。こんな考えも素人の考えだから軽く聞き流して欲しい。

酸素濃度と謎解き

多くの学者が窒素について無関心なら、そして私のような発想を持っていないなら、これはチャンスである。窒素と言う新しい武器が手に入ったのだから、その切り口から恐竜絶滅の理由が分かるかも知れない。早速謎解きにかかろう。

以下の文章は窒素ガスの重要性に気が付き、考え始めるきっかけとなった考察について述べている。だから、この文章を作った時に私は窒素の重要性に気が付いていない。しかし、何故、私が窒素に注目し始めたのかが良く分かる文章だと思うのでそのまま使う事にする。

書物によると、石炭紀の酸素濃度は35％に達していたそうである。その数字を信じるとすると、現在の濃度が20％なのだから、ある時期に酸素濃度が低下した事になる。どんなことが起きていたのだろうか。何故酸素濃度が低下したのだろうか。不思議に思ってネットで調べてみると、地質時代の酸素濃度の変化がグラフになって表されていた。その内容は実に驚くべきもので、そのグラフを初めて見た時、私の頭の中は一気に混乱の渦に巻き込まれてしまった。以後、このグラフは何度も引用する事になるので、このグラフを短縮して酸素濃度変化グラフと呼ぶことにする。

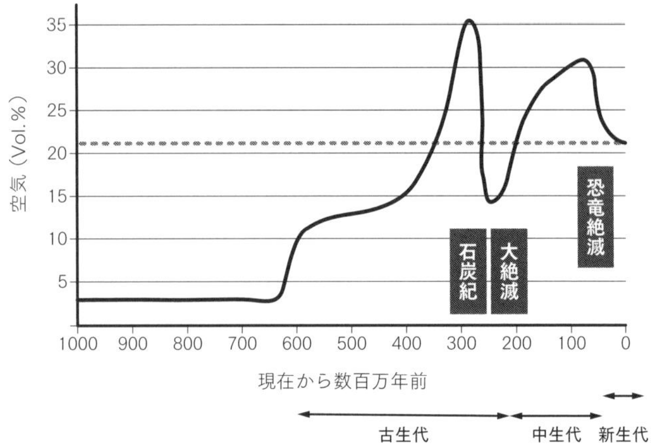

「地球の大気」（2023年3月31日（金）09:24UTCの版）『ウィキペディア日本語版』を元に作成

図3　過去10億年の大気中の酸素濃度の変化

酸素濃度は石炭紀以前から上昇を続け石炭紀の途中で最大となり35%になっている。この時期は地層の中に石炭が登場し始める時期とほぼ同じである。その後、酸素濃度曲線は下降を始め古生代の終わりごろに最低となり15%になっている。この時期はロボク、リンボク、フウインボクなどの木性シダが絶滅した時期より3000万年ほど後である。その後酸素濃度は上昇に転じ白亜紀の中頃に最大となり30%ほどである。そして、不思議な事にこの時期は生物の大絶滅、分かり易く言えば恐竜が絶滅した時期の前である。その後酸素濃度は下がり始め現在の20%になっている。古生代末期までの減少速度は中生代末期までの増加速度よりも変化の速度が大きい。急に下がったように表されていたのである。曲線全体はなめらかなので、徐々に変化した事を表している。

謎1　石炭紀の途中から古生代の末期まで酸素濃度が下がり続けたのは何故か

何と言っても、これが一番不思議な事だ。この間は木性シダが全盛を極めている時期であり、酸素を盛大に放出している時期なのである。何故酸素濃度が下がるのか。グラフを作った学者さんはこのグラフを見て衝撃を受けなかったのだろうか。私は驚いてしまって、専門書を扱っている書店まで飛んで行った。最近の情報に全く疎い事に私自身気が付いたからである。何冊か読んでみたが、やはり、同じようなグラフが引用されていた。

何故不思議だと感じたかをもう一度説明する。石炭は石炭紀の頃から蓄積し始め、ペルム紀、三畳紀の頃に蓄積しない時期が数千万年あったとしても、全体としておよそ3億年の間休むことなく蓄積し続けている。それぞれの時代の地層から石炭が採掘されているのだから、これは間違いない。有機物が石炭として蓄積され続けているなら、その量に見合う酸素が放出され続けているはずである。既に説明したコインと酸素の関係で考えると、石炭が盛んに作られた石炭紀、ペルム紀に酸素濃度が下がる事などありえない事になる。私の考え方のどこが間違っているのか。

前述したように、本来地球は植物だらけの惑星なのである。動物は植物に寄生するちっぽけな虫のような存在でしかない。動物が使う酸素量が圧倒的に少ないのだから、酸素はたまり続け増え続ける気体なのである。だから、酸素濃度が急に下がるはずがない。なぜ、酸素濃度が下がったのだろうか。

（この謎について考えていて窒素ガスに関する発想が浮かんできたのである。そして、窒素について調べている内に、この発想が今までにどの学者も気が付かなかった新しい発想だという事に気が付いたのである。)

ここまで考えていてとても重要な事に気が付いた。それは酸素濃度についてである。酸素濃度とは大気中にある酸素の濃度なのだから窒素ガスの量に左右される。

窒素ガスについては既に述べた。植物が地下深くの場所で炭化する場合、含まれて居た窒素は窒素ガスとして必ず放出される。放出された量が無視できないほどの量になるのであれば、酸素濃度に影響を与える。石炭紀のように石炭が大量に蓄積され始めれば、その石炭の量に見合う窒素が気体として大量に空気中に放出される。そして、窒素ガスの増加量が酸素の増加量を上回れば酸素濃度が下がっていく事になる。

これで一つ謎が解けた。窒素に関する仮説が正しいのなら、石炭から放出される窒素が膨大な量になるなら、不思議だと思っていた謎が一つ解けた事になる。

まさに盲点。世界中の学者が気づいていないのであれば、古生代に多くの生物が滅んだ謎、恐竜が絶滅した謎にも迫る事ができるかも知れない。面白くなってきたので、さらに続ける。

謎2　ペルム紀に起こった植物の大絶滅はなぜ起きたのか

石炭紀は植物全盛の時代である。最初に植物が陸上に進出し、どんどん勢力範囲を広げていった。中でも有名なのはロボク、リンボク、フウインボクと呼ばれる3つの種類である。シダの仲間なので木性シダと呼ばれている。授業で習った時に言葉としての響きが良くてすぐに覚える事ができた。どの種類も背が高く10mを越えていた。シダは胞子で増える。胞子は乾燥に弱い。だから、生えていた場所は湿地だろう。何層もの石炭層の間に砂の層があるのだから、海岸近くの低湿地に大森林を作っていただろう。石炭として大量に掘り出されているのだから、長い年月ずっと繁茂し、酸素を放出し続けた事は間違いない。そして、次の地質時代のペルム紀に入っておよそ2800万年後にそれらの木性シダが一斉に絶滅している。この時期は古生代末期に起きた大絶滅より2600万年ほど前である。

多くの動物が絶滅する前に植物が絶滅していたのである。多くの動物がまだ元気に走り回っている中で木性シダ植物だけが一斉に滅んだ。

何故だろうか。不思議で仕方がない。植物は動かない。動かないのだからエネルギーの消費量は少ない。その時に木性シダの周りにいたのは主に昆虫類と両生類である。昆虫類も両生類も木性シダを食べない。だから、食べられて滅んだわけではない。ただ光合成を続けるだけのおとなしい生き物がなぜ滅んだのか。ある意味、恐竜が一斉に滅んだことより不思議だと感じた。そして、木性シダが絶滅した後2600万年後に、それまで居た生物の8割の種類が絶滅した。古生代と中生代を分ける大絶滅である。そして、もう一つ不思議な事に大絶滅前後の2～3千万年の地層から石炭が採掘されていない。

どれも謎だらけなのだが、まずはペルム紀に起こった木性シダの大絶滅からである。

ペルム紀の終わりごろに酸素濃度は15%にまで下がっている。これは酸素量が減ったのではない。酸素の増加量より窒素の増加量の方が大きいから酸素濃度が下がったと解釈するべきである。

ネットで調べると、酸素濃度が18%より下がると人は滅んでしまうと書かれてあった。同じように考えて、酸素濃度が15%まで下がるのなら多くの動物は滅ぶしかない事になる。

では、植物はどうなのか。酸素を作る側の生き物だから大丈夫なような気がする。しかし、ほとんどの木性シダが絶滅しているのだから、その理由を考えなければならない。

植物が光合成を行う際に昼と夜では異なった反応が起きている。昼は光のエネルギーを使って水を分解するので、酸素が放出される。天気が良い日の日中、水辺に生える水草を良く見ると葉の表面から小さい気泡が無数に出ているのを観察する事ができる。この気泡が酸素なのである。昼の間は細胞の周りは酸素で満たされるだろう。植物も生き物である以上呼吸をしている。呼吸の際に酸素が必要なのだが、昼の間は光のエネルギーを使って水を分解している。だから酸素には不自由しない。生きていく上で必要のない余分な酸素が気泡となって昼の間放出されているのである。

しかし、夜は光が当たらないので酸素を作る事ができない。夜は酸素を出さないのだから、動物と同じように空気中の酸素を使って呼吸するしかない。その時に酸素濃度が低すぎて利用できないのであれば、動物と同じように呼吸困難になる。12時間、低酸素濃度の状態で放置して植物の細胞がどうなるのか。この事も実験で確認できる。

しかし、実際に滅んでしまったのはロボク、リンボク、フウインボクと呼ばれる背の高い木性シダに限られていて、書物によるとその他の植物は滅んでいない事になっている。そして、この時点で多くの動物はまだ滅んでいない。元気に歩き回っていたのである。背の高い木性シダだけが滅んでいるのであれば、低酸素濃度だけが原因とは考えられない。

調べてみた。当時のシダ類の葉は原始的で柵状組織、海綿状組織の分化がなく葉に表裏の区別がないと書かれていた。組織とは同じ役割を持った細胞の集まりである。柵状組織とは葉の表側にあって本棚のように規則正しく細胞が並んだ組織である。これはより多くの光を得るには都合が良い。海綿状組織とは葉の裏側にあって海綿のように細胞と細胞の間に空隙がある。ついでに言うと、葉の裏側には気孔という開閉自由な穴があって空気の出入りが可能になっている。つまり、最も進んだ葉は空気を取り込む穴が開いていて、隙間だらけにくっついた細胞が多くの酸素に触れ合う事ができるようになっている。

動物には血管があって体の隅々の細胞にまで酸素を供給しているが、植物はそうではない。夜間にも呼吸をしていて全ての細胞が酸素を必要としている。だから、夜間それぞれの細胞はできるだけ空気と触れ合う必要がある。海綿状組織はある意味、夜間に備えて酸素不足にならないよう進化した組織だと言える。どの種類の葉を取ってみても全て薄くなっている。これも空気に触れ合えない細胞がたくさんあると夜間に呼吸作用が行えないから、と解釈する事ができる。

詳しくは分からないのだが、当時の背の高いシダ類の葉に海綿状組織が無くて細胞が何層も並んでいるだけなら、酸素濃度が低下すれば空気と直接触れ合わない細胞は呼吸困難になる。

しかし、この説明だけでは、背の高い種類の植物だけが滅んで他の生物が生き残った説明にはなっていない。さらに調べてみた。ロボクは幹が中空だと書いてあった。つまり、幹の中に細胞はない。高さは10mに達していた。リンボクは最大40m。フウインボクは最大30mに達していた。滅んだこの3つの種類はどれも揃って背が高い。体を支える為には壁のように何層もの頑丈に重なった細胞が必要になる。水を上にある葉まで運ぶための仕組みが必要だし、その仕組みの為の細胞も幹の表面に必要になる。酸素濃度が高い時には、上まで運ばれる水に溶けている酸素を利用すれば幹の中の細胞も呼吸できる。幹の表面にある細胞もそのようにして呼吸できたのだろう。しかし、水に溶ける酸素量は空気中より少ない。酸素濃度が下がれば水に溶ける酸素の量も減少する。すると、幹の表面にある細胞は呼吸できるが、壁のように頑丈に何層も重なった奥の方にある細胞にまで酸素が行き届かなくなる。そして、真っ先に呼吸困難になって死んでしまう。だから背の高い木性シダは絶滅してしまったと解釈できる。

（この時点で、私はこの解釈に満足していなかった。何故なら、木性シダの全ての細胞が死んだ事の理由まで説明していないからである。なるほどと思えるような解釈は最後の方で改めて行なっている。順に謎解きを進めているのだから、今はその事には触れない）

別の角度から木性シダ類が絶滅した理由を推理してみよう。

富士山山頂の気圧は地上の約3分の2である。酸素濃度は気圧に比例するので14%ほどだろう。人間は呼吸困難になり、山頂で生活する事は困難である。植物はというと、緯度によって差があるが富士山の場合高度2500m付近が森林限界になる。森林限界とは木が生える限界の高度の事を言う。すると、15%以下の酸素濃度では木が育たないという事になる。赤道直下にあるキリマンジャロについても調べてみた。最も気温の高い地域でも森林限界は高度3000mであり、酸素濃度は15%ほどである。高緯度の地域での森林限界は2000mを切る場合が多い。これは気温が低いからだろう。

やはり、植物も動物と同じように酸素濃度に制限されて生きているのである。木性シダは酸素濃度の低下が原因で絶滅したと考えるしかない。背の低いシダ類も酸素濃度の限界付近で生きていたのだから、気温が少しでも下がれば低酸素濃度の環境下で絶滅する事になる。すると、木性シダを含む全ての陸上植物が地上から姿を消した可能性が高い。

謎3　古生代の末期に何故大絶滅が起きたのか

古生代を代表する三葉虫の仲間が滅んだ。現れ始めた原始的な爬虫類も両生類も全て滅んだ。そして、その次の三畳紀の時代になってもしばらくの間地層から化石は見つかっていない。ほとんどの生き物が絶滅して地球から姿を消した事になる。その原因についてさまざまな説があるが、これと言った決定打がないそうである。

この時期の大絶滅がいかにすさまじい絶滅だったかを良く表している文章があるのでウィキペディアから引用する。

> 『海生生物のうち最大96%、すべての生物種で見ても90%から95%が絶滅した。すでに絶滅に近い状態まで数を減らしていた三葉虫はこの時に、とどめをさされる形で絶滅した。』「大量絶滅」(2023年5月14日(日)00:25 UTCの版)『ウィキペディア日本語版』

とんでもない数の生物が一斉に滅んでしまった。なぜ滅んだのか。今までに考えられている説をいくつか紹介する。

『1.全世界規模で海岸線が後退した痕跡が見られ、これにより食物連鎖のバランスが崩れ、大量絶滅を引き起こしたという説がある。　2.巨大なマントルの上昇流である「スーパーブルーム」によって発生した大規模な火山活動が、大量絶滅の原因になったという説もある。』「大量絶滅」(2023年5月14日（日）00：25 UTCの版)『ウィキペディア日本語版』

世界中の学者達がその原因についていくら頭を揃えて考えようとも、結局の所、良く分かっていないというのが現状のようだ。

しかし、窒素が絶滅に関わっているなら簡単に説明できる。

石炭紀に入って木性シダが陸上の低湿地を埋め尽くすほど大繁殖した。陸上に進出した大型の両生類は植物を食べない。大型の昆虫類も植物を食べない。植物だけが動物に食べられることなく葉を茂らせて圧倒的に一方的に大繁殖した。そして、分解される事なく積もり続けた。地殻はその重みで下がり始め、枯れた大量の植物は無酸素の状態で地下深くに潜り込んだ。高温高圧の状態で植物は炭化し始めた。そして、有機物に含まれて居た窒素が大量に放出され始めた。大量の窒素放出は酸素濃度を低下させる。酸素濃度が15%以下になればほとんどの生物は絶滅する。

窒素ガスが大量に放出されて酸素濃度が低下したという説だ。これほどすっきりと説明できるのに多くの学者たちは何故気が付かないのだろうか。

石炭紀とペルム紀の地層から大量の石炭が採掘されているのだが、書物によると、その産地は主にアジア東部、ヨーロッパ、ロシア、中国、オーストラリア、インド、南アフリカ、とあった。大陸移動説の考えによると、石炭紀、ペルム紀の頃これらの地域は地続きだったそうである。おそらく、木性シダが利用できる低湿地は残らず木性シダによって埋め尽くされたと言って良いだろう。古生代の末期になると放出された窒素量は膨大な量になった。そして、酸素濃度は低下して15%程になった。すると、酸素量が多かったとしても、ほとんどの陸上生物は滅びる事になる。

大気の成分である酸素と窒素を比較すると、水に対する溶解度は大きく違っていて窒素は酸素の半分である。つまり、酸素は窒素の2倍水に溶けやすいのだから、大気中と水中では酸素濃度が違ってくる。つまり、空気中の酸素濃度が低下しても水中では酸素の溶ける量が2倍になり水中の方が過ごしやすい環境だという事になる。

生きた化石と呼ばれるシーラカンスの胸鰭《むなびれ》には骨格がある。陸上に進出しかけていたのだが、水中の方が過ごしやすいので水中に戻り絶滅の危機を回避したと解釈できる。両生類のアホロートルは鰓呼吸ができる形のままで一生を終える。これも空気中の酸素濃度が低くなった時期を乗り越えて生き残ったと解釈できる。現在生き残っている両生類はイモリ、サンショウウオ、カエル等、どれも皮膚は粘膜でおおわれていて水中での皮膚呼吸がしやすい。空気中の酸素より皮膚呼吸で水中から酸素を得る量の方が多い生き物は絶滅を免れる。陸上で生きる生物の内、主に水中で生活できる生き物だけがなんとか生き残ったと解釈する事ができる。いや、それ以上の言い方をすると、陸上でしか生きられない生物は動物も植物も全て滅んだと解釈するべきかもしれない。

石炭紀には陸上に進出しようとした原始的な爬虫類が現れている。乾燥に耐えるように卵には殻があった。皮膚も陸上生活に合うように形を変えていたとすると、空気中の酸素濃度が下がれば、このような種類は両生類と違って真っ先に滅びる事になる。

酸素は大気と接する水面で水中に溶ける。大気に接する水面近くで暮らす植物なら生き残るチャンスは大きくなる。動物も海底で餌をあさっていた生き物は全て滅びる事になり、進化の過程を一からやり直さなければならなかった。

（ここでは、陸上生物が滅んでしまった謎を解き明かした事に満足して、海水中に棲む生物の事がおざなりになっている。何故なら、恐竜絶滅の謎を解く事が主眼だったからだ。しかし、海生生物まで滅んでしまった事も謎だと捉えて、最後に謎解きを行っている。）

謎4　大絶滅前後の３千万年ほどの地層中に石炭が見つからないのは何故か

石炭について調べている時にHPで面白い図を見つけた。地質時代のどの時代にどこで石炭が見つかっているかという出光興産株式会社が作成した図である。

その図では世界中のどの場所でもペルム紀から三畳紀にかけての2～3千万年の地層から石炭が見つかっていない事になっていた。とても面白い事だと感じた私はこの事について調べてみることにした。

過去の地質時代にどのように石炭が蓄積されてきたかを表すグラフを見つけた。『生命の歴史』下巻、京都大学学術出版会2021年発行のP208の図19-11-aによると、植物が細胞壁を獲得した4億年前から石炭は蓄積し始め、右肩上がりに石炭蓄積量は増加し続けている。しかし、そのグラフではペルム紀の中期と後期には水平になっていた。つまり、ペルム紀のある時期から三畳紀が始まるまで石炭が蓄積されていない事になっていたのである。

二つのグラフには1200万年ほどの時間的なずれがある。片方のグラフは蓄積という言葉を使っていて、もう一方は実際に地層から見つかっていない事を表したグラフだ。私は実際に石炭が見つかっていない事を表したグラフの方を重視したいと思ったので、出光興産が作成したグラフの方を用いて考える事にした。(出光興産株式会社HP『石炭の生成−世界の主要炭田と地質時代』より)

石炭紀は木性シダ全盛の時代である。しかし、ペルム紀のある時期から三畳紀のある時期までの地層から石炭が採掘されていない。三畳紀に入って1200万年後にやっとオーストラリアの地層から石炭が採掘されている。その後も、中生代、新生代の地層から石炭が採掘されているのだから、大絶滅前後2〜3千万年の間に堆積した地層に石炭が含まれていない事の方が謎だという事になる。

石炭は植物化石である。石炭紀に大量に作られた石炭は木性シダが大量に蓄積した物である。古生代に木性シダが揃って絶滅した後には木性シダが全て枯れ木の山となって残っていたはずである。これらの枯れ木の山が石炭にならずに忽然と姿を消した事になる。石炭として残っていないのだからそういう事になる。一体どこへ消えたのだろうか。こんな不思議な事はない。

木性シダが石炭として残る為には分解されずに蓄積しなければならない。すると、消えた理由を探すなら枯れ木の山が全て分解されたと考えるしかない。

単に枯れた植物がうず高く積もらない理由だけを考えるなら、分解する者として菌類が現れたとしか考えられない。菌類とはカビ、キノコの仲間の総称である。菌類は植物、動物の遺骸を分解し、吸収した物を栄養源として生きている。二酸化炭素をほとんど出さない。窒素ガスも出さない。単に分解するだけの生き物だから、森の掃除屋と呼ばれている。中でも大型のカビ、キノコは胞子を飛ばした後、すぐさま自ら分解して崩れ去る。だから化石として残らない。化石として残らないのだから、どんなに繁栄して大繁殖していても存在した痕跡を残していない。そして、有機物を分解する時に出るエネルギーを使って生きているのだから、動物のような酸素呼吸をほとんど行っていない。

調べてみると、少ないながらも酸素を消費しているらしい。その消費量は少ないだろう。すると、酸素濃度が低下しても滅びる事無く陸上で活動できたかもしれない。酸素濃度15%以下の環境で菌類が生きてゆけるかどうか、この事も実験で確認できる。今までに、このような実験が行われた事はないだろう。是非実験して確認するべきだ。

と、ここまで考えていてまたとんでもない発想が浮かんできた。

現在生きている菌類の多くは陸上生活をしている。調べてみると、水中で生きる菌類は陸上生活をする菌類が、後で水中へと進出していったのではないかという学者もいるらしい。この説を信じるとすると、多くの菌類が登場したのは陸上植物が現れた後だという事になる。そして、菌類が大繁栄した時期は、ほとんどの陸上植物が枯れて防御力を失い、大量に積み上がり始めた頃だという事になる。

菌類は枯れた木を分解する。枯れ木は主に植物の細胞壁が分解されずに残った物だ。細胞壁はセルロース、リグニンなどの分解されにくい物質からできている。分解されにくいから石炭になって残る。菌類はその分解されにくいセルロース、リグニンを分解する事によってエネルギーを取り出して生きている。枯れ木を分解する為に生まれたような生き物である。

木性シダが絶滅した後、地上には枯れ木の山しか残っていない。ほとんどの植物にとって死の世界と言って良いだろう。

その死の世界で生きられる生物が現れたとする。その生物がセルロース、リグニンを分解して生きるなら、枯れ木が山のようにうず高く積もった世界はその生物にとって天国だという事になる。その死の世界に突然現れた生物が菌類だという解釈だ。

こんな考えは誰からも聞いた事がない。証明する事などできないからだ。しかし、菌類が酸素濃度15%以下で生きる事ができるなら、十分あり得る話である。確認の為の実験は是非するべきだと思う。

この考えが正しいなら、数千万年続いたこの時代は、突然現れた菌類が大繁栄し多種多様の菌類が出現する為の十分な時間がある時代と考えて良いだろう。菌類の進化について議論するなら、菌類が低酸素濃度で生きられるかどうかは、とても重要なポイントになる。そして、もし、ある種類の菌類が通常の酸素濃度より低い酸素濃度で、より早く成長する事が確認できたなら、菌類の起源につながるとても面白い実験だという事になる。

さらに考えを進めると、大気中の酸素濃度が15%以下で菌類が生存可能なら、水中の酸素濃度が15%以下でも菌類は生存可能だという事になる。古生代以前に水中の酸素濃度が15%以下で多くの生物がすみにくい環境であったとしても菌類にとって暮らしやすい環境だったかも知れない。菌類は低酸素濃度の頃に水中で生まれた。そして、陸上植物が絶滅した後で菌類が陸上へと進出していったと考える事もできる。

このように考えて行くと、ほとんどの陸上生物が絶滅した後、陸上で生き残って活躍できたのは菌類だけだという事になる。現在陸上で暮らす菌類の多くがこの時期に現れて繁栄し大繁殖していたと考えるべきだろう。

枯れた木は菌類によって分解され、うず高く積もる事なくきれいに処理された、と考えるしかない。化石として残っていないけれど、大量の菌類が出現して次から次と枯れ木を分解していったのだろう。石炭紀とペルム紀には大型の昆虫類が居た。大型の両性類も居た。もしかすると、分解者としてのとんでもなく大きいキノコ類がたくさん居たかもしれない。1mを超すキノコが枯れた木の表面を埋め尽くすほど居たとしても化石として残らない。残らないのだから、証明する事はできない。しかし、想像する事はできる。色とりどりの奇妙なキノコが枯れ木の山に群生する様子を想像する事はとても楽しい。

そして、次に再び陸上植物が現れ始めるまでの間、おそらく数千万年間続いただろう、大型の菌類だけがずっと活躍して枯れた木を分解し続けた。菌類の遺骸と分解された植物が積もって腐葉土になった。分解された有機物の一部は雨によって洗い流されて最終的に海に流れてゆく。そして、海に生きる生物に再利用される。

豊かな海には豊かな森林とそれを分解する菌類が必要なのである。数千万年ほどの間に海へと流された大量の栄養分は最終的に魚類に利用され、硬骨魚類が繁栄するのに使われたのだろうし、再び陸に上がった両生類、爬虫類が進化していく過程で大いに利用されたであろう事が想像できる。

植物の生えない陸上は乾燥化が始まり菌類の暮らしにくい環境になった。菌類が利用できる枯れ木の山も3000万年ほど時間をかければ、どんなに多くても全て分解し尽くすだろう。全て分解し尽くしたのであれば、菌類が住めない環境になる。そして、ある時大型のキノコ類が全て絶滅した、と解釈すると大絶滅前後の地層にだけ石炭が見つかっていない理由をうまく説明できた事になる。証明する事などできないが、三畳紀のある時期の地層から再び石炭が見つかっているのだから、そうとしか考えられない。

謎5　木性シダの絶滅と大絶滅の間に何があったのか

大型木性シダの絶滅と古生代末の動物大絶滅の間には2600万年ほどの隔たりがある。この時間の隔たりがなぜ起きたのかが分からなかった。しかし、これも窒素が絡んでいるとすれば謎が解けた。

大型の木性シダが揃って絶滅した後の地上は植物にとって死の世界である。大きな倒木が至る所に積みあがって景色の中に緑はない。植物が全て枯れたと言っても酸素濃度はまだ高く両生類が滅びるほどではない。両生類は枯れ木の間を動き回って餌を探していただろう。餌になる昆虫類もこの時点ではまだ滅んではいない。水中に避難する事ができた植物は生き残っていただろう。その中にはジュラ紀まで生き残った種子シダ植物の仲間もいただろう。しかし、放出される酸素量は少ない。酸素量が増えない状態でペルム紀の末期に酸素濃度の低下が止まった。という事は、ペルム紀の末期には窒素の放出も止まったという事になる。

窒素の放出が無いという事は地下深くに潜り込んだ木性シダの大部分が炭化を終えたという事である。そして、この時期に作られた石炭は最も炭化の進んだ煙の出ない無煙炭である。では、木性シダの大絶滅が起きた後、地下深くに潜り込んだ全ての木性シダが炭化を終えるまでに2600万年以上の時間が必要だという事になる。もちろん、その間に地上には植物がほとんど居なかった。

木性シダが絶滅した後、地上の植物によって作り出される酸素量は一気に減少する。両生類などの呼吸によって吸収される酸素量は増え続ける。すると、酸素の全体量は減り続ける。その間も地下深くの場所で放出される窒素量は変わらず増加し続けたのだから、当然、酸素濃度は急に低下する事になった。これで酸素濃度が急に下がった理由が説明できた。そして、酸素濃度が15%にまで下がって動物の大絶滅が起きた。

すると、酸素濃度が15%以下の世界は陸上生物にとって死の世界だという事になる。酸素濃度変化グラフでその事を確認してみた。

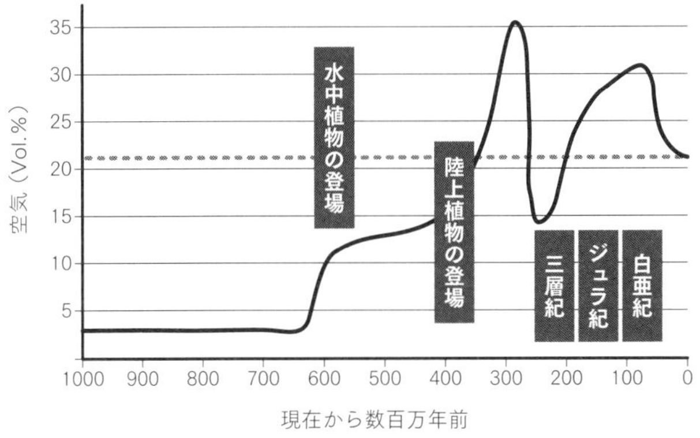

「地球の大気」(2023年3月31日(金)09:24UTCの版)『ウィキペディア日本語版』を元に作成

図4　過去10億年の大気中の酸素濃度の変化

6億4千万年ほど前からグラフは急に上昇し始め6億年ほど前に10%になっている。6億年ほど前の地層から急に貝などの動物化石がたくさん現れだしたのだから、水中の酸素濃度は15%を超えていなければならない。酸素が窒素の2倍溶けるとして当時の水中の酸素濃度を計算してみた。

空気中の酸素濃度が10%なら、窒素量90に対して酸素量10の割合である。水中では酸素量が2倍の20になるとすると。水中の酸素濃度は20÷（20＋90）×100でおよそ18%になった。

では、6億年4千万年ほど前にグラフが急上昇していたのは、水中の酸素濃度が15%以上になったので水中にいた植物が大繁殖し始めたからだと解釈する事ができる。その最初に登場した水中植物の現れた場所が限られた場所であって光を十分に浴びる事ができる浅瀬なら、そして、その浅瀬の面積が広いなら、水中にいる植物が大繁殖するには申し分のない場所だという事になる。そして、その浅瀬周辺の水中酸素濃度はどんどん上昇して15%を超え水中植物が繁殖しやすい環境になったのだろう。

水中植物が大繁殖すれば、その植物を食べる動物も大繁殖する事になる。水中動物が大繁殖して進化し始めれば、体の構造も複雑になり、動物の体は化石として残るような姿へと変化していく事になる。

酸素濃度変化グラフを使って古生代初期の進化の様子を説明する事ができた。この解釈が正しいとすると、全ての生物にとって酸素濃度はとても重要な要素であって、その下限が15%だという事になる。酸素濃度の低下が原因で古生代末期に全ての陸上生物が絶滅した、という私の解釈は正しかったようである。

この解釈の元になっているのは空気中の窒素量である。空気中の酸素量が変わらなくても窒素量が増加すれば酸素濃度は下がる。逆に言うと、空気中の窒素量が増加しなければ酸素濃度が低下するわけがない。空気中の窒素量が増加する為には窒素ガスの供給減が必要になる。その窒素はどこから供給されているのか。

窒素は植物によって体内に同化され続け、地下深くの場所に蓄積し続けた有機物に必ず含まれて居る。その有機物から放出される窒素量が膨大な量なら、窒素ガスの供給源は石炭と石油以外には考えられない。古生代末期の大絶滅に窒素が深く関わっているという私の説が正しいという事になる。

このように考えて行くと、空気中の酸素濃度は15%以下にはならないという事になる。何故なら、陸上生物が全て滅んだ後でも水中での酸素濃度が15%以下になっていない。水中の酸素濃度が15%以下になる前に窒素ガスの放出が止まれば水中にいる植物が滅びる事なく光合成を続けるからである。地下深くに押し込められた石炭からの窒素ガスの放出が止まった時から酸素濃度は上昇する。実際、陸上生物が絶滅した後で酸素濃度が再び上昇し始めているのだから、この解釈が正しいという事になる。

この解釈の元になっているのは水に対する溶解度が窒素と酸素では異なっているという事である。そして、酸素が窒素の2倍水に溶けるという事である。この解釈にも窒素が登場している。

さらに続けて古生代に起きた進化の様子を確認してみたい。水中の植物が大繁殖した後、酸素濃度は徐々に上昇を続け、大気中の酸素濃度が15％になったのは4億年程前である。4億1500万年ほど前のシルル紀の地層からプシロフィトンという最古の無葉シダが陸上に現れ始めたと言う記述があった。

想像図を見ると、葉も根も持たない枝分かれした棒のように直立した植物として描かれていた。化石として残っているのだから、細胞壁のような物を持っていて直立する事ができたのだろう。大気中の酸素濃度が15%以下であったとしても、直立した体の半分が水中にあるならプシロフィトンは十分呼吸できる。

その後大気中の酸素濃度が15%以上になったので、植物は陸上へと進出していった。植物にとっても酸素濃度がとても重要な要素である事がグラフから読み取る事ができる。陸上植物の大繁栄によって酸素濃度は急上昇し3億年ほど前にピークに達して35%になった。

それにしても、生物進化の様子まで読み取る事ができるのだから、この酸素濃度変化グラフはとても良くできたグラフだと私は思う。私の解釈の為に用意されたのではないかと思うほどである。私はこのグラフを信じて疑わないことにした。そして、このグラフに従って更に推理を続けたいと思う。

古生代の絶滅に窒素が深く関与しているという私の説が正しければ、古生代末期に起きた大絶滅は初めから起こるべくして起きた、避けられない絶滅だという事になる。そこで、この一連の流れを絶滅ストーリーと名付けることにした。

このストーリーは植物の大繁殖から始まる。木性シダの大森林ができればその重みで大森林の蓄積が始まる。地殻に押し込められた大森林の炭化が始まり、窒素ガスの放出が始まる。酸素の増加量より窒素ガス放出の増加量の方が大きくなれば酸素濃度が低下し始める。酸素濃度がある割合より下がれば、耐えられない生物から順に絶滅していく。大気中の酸素濃度が15%以下になれば陸上生物は全て滅ぶ。この一連の流れが絶滅ストーリーである。

ここまで書き進めて、また新たな疑問が湧いてきた。

酸素濃度変化グラフによると、絶滅ストーリーの前半は陸上植物が現れ始めた4億1500万年前から3億年前に酸素濃度がピークに達するまでの1億1500万年である。後半は酸素濃度がピークに達した時から2億3千万年前の生物大絶滅までの期間だから7千万年である。

絶滅ストーリーの後半には2倍の速さで酸素濃度が減少している。この事をどう解釈すれば良いのだろうか。

窒素放出量

陸上植物が現れ始めた後、最初は徐々に生育場所を広げていったのだから、前半の曲線については理解できる。問題なのは後半である。膨大な量の窒素ガスが放出され続けなくてはならない。どれぐらいの窒素ガスが放出されていたのだろうか。

古生代に居た陸上動物といえばその大部分が昆虫類と両性類であり、まだ恐竜は現れてはいない。昆虫類の多くは肉食昆虫であり両生類も肉食である。古生代に栄えた木性シダがほとんど食べられる事が無かったのだから、植物の働きだけで計算してみた。酸素濃度は次の式で求められる。

(酸素量＋酸素増加量)÷(酸素量＋窒素量＋酸素、窒素増加量)＝ 酸素濃度 ÷ 100

酸素濃度がピークに達した時の酸素濃度の値は35%だから、窒素量と酸素量をそれぞれ65、35とした。酸素濃度が最低になった時の値が15%。窒素増加量をX。酸素放出量を10として計算してみた。方程式は次の通りである。

$$(35 + 10) \div (65 + 35 + 10 + X) = 0.15$$

解くと窒素増加量は190になった。

酸素放出量を10として計算すると、酸素放出量の19倍量の窒素が放出された事になった。後半には前半より植物量がもっと多いはずだと考え直して酸素放出量を2倍の20にすると、窒素増加量は240を超えた。あり得ない。

石炭から炭素量の30分の1にあたる窒素が放出されると考えていた私は計算前にある程度の予測を立てていた。その予測をはるかに超えた結果になったから驚いたのである。

木性シダはどんどん生息範囲を広げたはずである。古生代の終わりごろには10mを超える木性シダが地球全体の規模で大森林を形成していたはずである。絶滅ストーリー前半より後半の方が酸素を多く放出していなければならない。

素直に白状すると、私はこの計算結果に驚いてしばらくの間立ち直れなかった。それほどの衝撃だったのである。なぜなら、発想の始まりである窒素の解釈まで疑わしくなるからである。それは、足元が崩れ去るのと同じである。しばらくの間、何故だろうという思いで部屋中を歩き回った。

確認の為に後半に放出される酸素量と窒素量をそれぞれX、Yとして方程式を立てた。

$$(35 + X) \div (35 + 65 + X + Y) = 0.15$$

解くと$17X = 3Y - 400$という関係式になった。

酸素放出量Xが0の場合、窒素放出量Yは約133である。この場合でも窒素増加量は予測していた量より多い気がする。

なぜ窒素放出量が多くなるのか。まず、その理由からじっくりと考える事にした。

植物に含まれる炭素量が窒素量に比例すると考えて、その比を30対1だとして計算したが、この比率その物が怪しい。成長した植物を使って植物に含まれる炭素量、窒素量を調べる場合、その試料の中に成長過程で落とした全ての葉は含まれて居ない。

植物が同化した炭素と窒素は全て葉の中にある細胞に蓄えられる。細胞が死んで葉が枯れて落ちたとしても同化された炭素と窒素は全て植物の根元に残る。植物が同化した全ての炭素と窒素が失われずに枯れた植物と共にその場所に残るなら、細胞内に蓄えられた炭素と窒素の比率のまま、植物が生えていた場所に残るはずだと考えた。

私の考えが正しければ、石炭紀、ペルム紀の頃に菌類の大部分はまだ登場していない。そもそも落ち葉の事を植物細胞の遺体だと考えれば、数千年生きた木性シダの根元には数千年分の葉、つまり植物の遺体が分解されずにうず高く積もるはずである。古生代の動物たちはうず高く積もった落ち葉を掻きわけて活動していたのだろう。では、古生代の想像図には現在の様子から想像できないほどの、大量の落ち葉を書き加えなければならない事になる。

その頃の様子を想像していて、面白い発想が浮かんだので書き加える。大量の落ち葉が分解されずに木性シダの根元にうず高く積もるなら、木性シダの下半分はうず高く積もった枯れ葉の影響で光を受ける事ができない。光を受ける事ができるのは、枯れ葉の積もっていない木性シダの上部だけだという事になる。すると、当時栄えていた木性シダが葉を茂らせるとしたら、光を受ける事のできる上部にだけ葉を集中して茂らせた方が良い事になる。

近くの公園には4mを超すまでに成長したフェニックスと呼ばれる大きいシダがある。上部3分の1にだけ葉が茂っていて、残る3分の2には葉がない。ソテツも葉は上部だけが茂る構造になっている。これは、枯れ葉がうず高く積もっていた頃の姿が、そのまま現代まで受け継いで残っているから、と解釈する事ができる。

こんな解釈も今までに無かっただろう。石炭紀の頃の風景を想像する楽しさを少し味わえたので、書き加えた。話を元に戻す。

うず高く積もった枯れ葉を含む全ての植物遺体が石炭になるとすると、石炭の元になる植物遺体は植物細胞がたくさん集まった物と考えて良い事になる。では、生きた細胞内にある炭素と窒素の比率を調べれば良い。

細胞はタンパク質からできている。書物によると、生物のタンパク質は主に20種類のアミノ酸からなっているとあった。20種類のアミノ酸の化学式から、それらのアミノ酸に含まれて居る元素数の平均を出した。炭素、窒素、酸素の元素数の比はおよそ11対3対5になった。重量比に直すとおよそ13対4対7になった。

すると、細胞内の炭素と窒素の重量比は13対4になる。13gの炭素を含む石炭から4gの窒素が出る計算だ。およそ3分の1だとすると、3tの炭素を含む石炭から最大1tの窒素が放出される計算だ。これは膨大な量で無視できるような量ではない。

但し、これは石炭紀、ペルム紀に起きた事に対する説明であって、中生代以降の出来事には通用しない。何故なら、三畳紀に登場し大繁栄した菌類の働きで枯れ木と落ち葉の大半が分解されてしまうからである。しかし、分解された有機物の多くは腐葉土となって木の根元に残り、積もった場所が平らな場所なら、その大半が地下深くに押し込められ石炭になっただろう。

ある学者が調べた石炭蓄積量を元に、私が総石炭量からはじき出した総窒素ガス放出量は古生代に限って言うと10倍近くの量になる。中生代以降の石炭生成時には、木性シダに含まれて居る窒素の半分が菌類の働きで分解され流出したであろう事を考えると5倍ぐらいの量になると考えた。仮に古生代の石炭量と中生代以降の石炭量が同じ位だとすると、石炭生成時に放出された窒素量は以前計算で求めた窒素量の7.5倍ぐらいの量になる。すると、大気中の窒素が全て地下深くに沈み込んだ石炭から放出されたと仮定すると、地下に眠る総石炭蓄積量は1000倍ではなく1000÷7.5で求められ、130倍位の量になる。

窒素放出量が多くなる理由を一つ解き明かした。しかし、まだこれだけとは思えない。古生代に放出された窒素量が多くなった理由について考えているのだと思いなおして、絶滅ストーリー前半の出来事を考えている内にとても面白い事に気が付いた。回り道になるかも知れないが、窒素放出量が多くなる理由にもつながる、とても重要な事だと思うので、しばらくの間お付き合い願いたい。

●窒素の生い立ち

今から4億年前のデボン紀に陸上植物が現れた。これは空気中の酸素濃度が15%を超えたので先ず植物が上陸して生育範囲を広げたと説明した。川沿いの湿地が主な生活場所だったろう。ではその植物たちの窒素供給源は何だったのだろうか。火山からアンモニアが放出される事があったとしても、火山は限られた地域しか存在しないし放出されたアンモニアはすぐに水に溶けてしまう。そして、岩石が風化されてできた土が川によって運ばれてきたとしても、その土には窒素化合物はほとんど含まれて居ない。植物が成長する為に必要な窒素化合物が陸地にはまだ存在していない。何故なら、陸地は全てむき出しの岩石に覆われていて生物はまだ存在していないからである。

上陸し始めた植物はどのようにして窒素化合物を入手していたのだろうか？

4億年前に陸上に進出しようとしていた植物たちにとって、窒素化合物を入手する事はとても重要な事であったはずである。二酸化炭素と水が豊富にあって、光を十分に浴びる事ができる場所であったとしても、植物は光合成だけで生きていく事はできない。何故なら、窒素化合物は細胞を作る為にどうしても必要な素材だからである。

海水中には多くの生物が居たのだから窒素化合物はあっただろう。しかし、川の水に窒素化合物はほとんど含まれて居ない。窒素化合物を含まない川の水は植物にとって役立たずの只の水に過ぎない、不毛の大地と同様に、命を育まない不毛の水なのである。光を浴びる事ができて二酸化炭素と水が豊富にあったとしても植物たちが上陸する為には窒素化合物がどうしても必要なのである。

松がどのようにして窒素化合物を入手していたかについては既に述べた。雷の働きで大気中の窒素と酸素が化合して窒素酸化物になるという考えだ。上陸しようとしていた植物たちがそのようにして窒素化合物を入手していたとしても、4億年前の大気中には窒素と酸素が大量に存在していなければならない。すると、植物が上陸し始めた4億年前には大気中には既に酸素と窒素が大量に存在していた事になる。雷雲の助けがあったとしても膨大な量の窒素と酸素が既に大気中に存在していたと考えなければ絶滅ストーリー前半の木性シダ大繁栄を説明できない事になる。

雷雲の働きで作られた窒素酸化物は水に溶け、一緒に溶け込んださまざまな金属元素と共にむき出しになった岩石に覆われた地表を流れて川となり水辺に生えた植物に吸収される。そして、海へ流れ込んで海水中の植物にも吸収される。

私の考えでは窒素ガスの大量放出は絶滅ストーリーの後半である。植物が上陸し始めた頃には石炭生成時の窒素大量放出はまだ始まっていない。では、4億年前以前に存在していたはずの大量の窒素はどのようにして作られたのだろうか。大きな謎である。

石炭が作られ始めたのは陸上植物が現れ始めた4億年前以降の出来事である。それ以前の時代に石炭が作られた時と同じような働きが地下深くの場所で行われて窒素が大量に放出されたと考えるしかない。

海水中に植物が大発生した6億年前から陸上植物が大発生し始める4億年前までの2億年の間に植物が作った有機物の量は多いだろう。その大量の有機物が地下深くに押し込められて石油になったのだろうと私は推理した。しかし、もしそうだとすると、石油には窒素化合物がたくさん含まれたまま現在まで残って居るのだから、石油に含まれて居る窒素の大部分は過去において放出されていなかった事になる。

4億年前に存在していただろう窒素ガスの由来について、いろいろと考えてみたのだが何かが不足している。大量に窒素を放出する何かについてである。

そこで思いついたのが石灰岩である。

●石灰岩について

生物の働きによって作られた岩石には石灰岩とチャートがある。世界中に分布していて圧倒的に量が多いのは石灰岩の方である。石灰岩について調べてみた。ウィキペディアから引用する。

『主に熱帯から亜熱帯の比較的浅い海域において、炭酸カルシウムを主成分とする、サンゴ、海棲動物の骨、貝殻などが堆積し、その後の続成作用によって形成されたものである。生物起源の石灰岩には明瞭な化石を含むものも多い。』「石灰岩」(2023年4月19日（水）03：56 UTCの版)『ウィキペディア日本語版』

石灰岩は謎が多い岩石である。先ず、比較的浅い海域で堆積したという記述があるが、これが怪しい。なぜなら、石灰岩には砂、粘土などの鉱物が含まれて居ない。川から運ばれた土砂の内、砂はすぐに沈む。より小さい粘土は遠くへ運ばれて沈む。それらの鉱物が石灰岩には全く含まれて居ないのだから、石灰岩が堆積した場所は主に河口から遠く離れた深い海底だという事になる。

続けてこんな記述があった。

『古生代のオルドビス紀頃と石炭紀〜ペルム紀頃、中生代の白亜紀頃の3回、海生生物起源の石灰岩が大量に生成した。例えば、古生代後期〜中生代に存在した海域（テチス海）で生成した石灰岩は、現在、アルプス山脈・ヒマラヤ山脈・極東アジアの各地で見られる。また、白亜紀の語源となったイギリスのドーバー海峡に見られる白亜（チョーク）も、海生微生物起源の石灰岩である。同様な生物活動は現在も続いており、サンゴ礁では今も石灰岩が生成されつつある。』「石灰岩」(2023年4月19日（水）03：56 UTCの版)『ウィキペディア日本語版』

石炭紀〜ペルム紀に石灰岩が大量に生成されたのであれば、その生成時に大量の窒素が放出されたと考えて良いだろう。絶滅ストーリー後半の窒素大量放出の謎がもう一つ解けた。

話を元に戻す。今問題にしているのは石炭紀以前の出来事である。石炭紀以前にどのようにして窒素が作られたのかを調べなければならない。すると、オルドビス紀に堆積した石灰岩がとても重要になる。その時期に堆積した石灰岩の量がどれぐらいの量なのかについて私は資料を持っていない。しかし、それが無視できないほどの量なら、その石灰岩ができる過程で膨大な量の窒素を放出していた可能性がある。逆にオルドビス紀に堆積した石灰岩の量が少ないのなら、窒素を放出する石灰岩以外の何かを探さなければならない。

窒素が放出されるメカニズムは石炭が作られた時と同じだと考えて良いだろう。地下深くに押し込められた大量の生物の遺骸が高温高圧の条件下で変成を受けて窒素を放出したという考えだ。

日本国内だけで考えてみても石灰岩の産出量は石炭よりも多い。例えば山口県の秋吉台は広い範囲に石灰岩があって、秋芳洞などの鍾乳洞がありカルスト地形を形成している。そして、地下に巨大な鍾乳洞があるのだから、石炭よりもっと分厚く広く堆積していた事が想像できる。石炭以上に分厚く堆積しているなら、石炭と同じようにその重みで海底が沈み込んだっておかしくはない。そして大量の窒素を放出していたとしてもおかしくない。恐らく世界中に石炭よりも多く分布していると考えて良いだろう。

石灰岩の分布を調べてみた。

〔広島大学理学研究科地球惑星の狩野研究室によるトゥファオー製作所の
『炭酸塩アトラス』の『1 炭酸塩岩と炭酸塩鉱物』から〕を元に作成

図5　石灰岩の分布

驚くほど大量の石灰岩が世界中に分布していた。石灰岩が全て生物起源の岩石だとすると、生物遺骸が海底で分厚く堆積し、石灰岩になる過程で石炭と同じように窒素が大量に放出されたと考えて良いだろう。むしろ石炭が作られる過程よりもっと多い窒素が石灰岩生成過程で放出された可能性さえ出てきた。すると、石油が作られる過程で大量の窒素が放出されたという私の考えが間違っていたという事になる。なぜなら、石灰岩の量が無視できないほど多いという事が分かったからである。4億年前以前に窒素を大量に放出した主役は石灰岩に譲るべきだろう。そして、石油が作られた時期も、どのようにして石油が作られたのかという私の考えも実に怪しい事だという事になる。仮説3の文章中に有る石油と重油はひっこめた方が良いだろう。何故なら、石油と重油が生成される際には、石灰岩程の大量の窒素放出は考えにくいからである。

窒素は植物しか同化できない植物由来の元素だと私は考えている。そして、窒素は植物がコツコツと同化した窒素化合物が地下深くの場所に押し込められた結果、大気に放出されたまり続ける気体だと考えている。その考え方が正しいとするなら、4億年前以前に既に存在したはずの窒素がどのようにして作られたのかを追求する事はとても重要だという事になる。

少し遠回りになるかも知れないが、じっくりと考える事にした。

ここで新たに謎が現れた。石灰岩についての謎である。石炭よりも多く分布する石灰岩とは一体何者なのだろうか。通常石灰岩は海生生物の遺骸が堆積した岩石だと考えられているが、河口から離れた深海で大量の生物の遺骸が堆積する事などあるのだろうか。そして、それは一体どんな生物なのだろうか。

石灰岩中に砂などの土砂が含まれて居ない。だから、石灰岩が堆積した場所は河口から遠く離れた場所だ。そんな場所に動物プランクトンが大量にいたのだろうか。そして、動物プランクトンの餌になる植物プランクトンが大量にいたのだろうか。植物プランクトンが大量に居たとして、その植物プランクトンは窒素をどのようにして入手していたのだろうか。河口から離れた大洋の真ん中で窒素化合物を入手する事は困難なはずである。雷雲の働きがあって窒素酸化物ができたとしても、大量の海水で薄められれば、その窒素酸化物を利用する事は困難なはずである。そして、植物プランクトンが大量にいた場所は光を十分に浴びる事ができる場所でなければならない。

今の状況から想像する事ができない。どんな状況だったのか全く想像できないと言って良い。さらに調べる事にした。

引用した文章の中に、

『イギリスのドーバー海峡に見られる白亜（チョーク）も海生微生物起源の石灰岩である。』「石灰岩」（2023年4月19日（水）03：56 UTCの版）『ウィキペディア日本語版』

という記述があったので、白亜（チョーク）について調べてみた。

『チョーク（英語：chalk）は、未固結の石灰岩のこと。イギリスのドーバー海峡周辺で崖をつくる厚い地層のことで、円石藻の化石（炭酸カルシウムのココリス）から成る。』「チョーク（岩石）」（2022年7月1日（金）02：07 UTCの版）『ウィキペディア日本語版』

円石藻という位だから植物である。植物プランクトンの死骸が大量に堆積して厚い地層を作っていた。ドーバー海峡の写真も見たがとんでもなく大きい白亜の崖である。しかも、対岸のフランスにもドーバー海峡の海底にもこの白亜の地層があるそうだ。全て円石藻の化石だとすると、同じ場所で同じ環境が数百万年もの間続いた事になる。そして、その重みで地殻が下がり始めるほど大量に堆積し続けた事になる。とても不思議な事だ。

そして、この未固結の石灰岩を固めて作ったのが黒板に字を書くときに用いるチョークの語源なのである。円石藻についても調べた。

『円石藻（えんせきそう）は、細胞表面に円石と呼ばれる円盤型の構造を持つ植物プランクトンである。分類学上はハプト植物門に属する単細胞真核藻類である。円石藻が死ぬと円石は沈降してゆくが、大部分の円石は海底に到達する前に溶解してしまう。円石が堆積物として大量に集積する為には、動物プランクトンなどに捕食されて糞として固められる（いわゆるfecalpelletとなる）必要がある。沈降した円石は年月を経て石灰岩となり、ドーバー海峡に見られるような白亜、つまり天然のチョークの露頭を示す。円石藻の化石は三畳紀から現代に至る各層から発見されている。円石藻が最も栄えたのはジュラ紀から白亜紀にかけてであるが、恐竜類が絶滅したK-T境界において、円石藻もその8割の種が失われたと言われている』「円石藻」(2022年6月2日(木) 10：20 UTCの版)『ウィキペディア日本語版』

石灰質の殻を持つ植物プランクトンが海面付近を大量に漂って生きていた事が分かった。海面付近を漂って生きていたなら、光を十分浴びる事さえできれば河口から離れた場所でも生きていける。この記述が正しいとすると、大量の円石藻が動物プランクトンに食べられ、魚類に食べられたとしても糞の中に石灰質の殻がそのまま凝縮され海底に沈殿して堆積していた事になる。浮遊していた植物プランクトンが少なかったとしても、恐らく同じ状況が数百万年、あるいは数千万年続いた結果が天然のチョークの露頭になったのだろう。驚くべきことだが、そう考えるしかない。

気が遠くなる程の長い年月をかけて行われてきた生物の営みを想像する事が、とても困難になる時がある。このドーバー海峡の白亜の崖がまさにその典型だろう。

話を元に戻す。円石藻が三畳紀以降に現れた生物なら石炭紀以前には存在していない。円石藻は窒素を放出する事になる大量の海生生物の候補から外れる事になった。他にはいないだろうか。

フズリナという生物がたくさん含まれて居る石灰岩をフズリナ石灰岩と呼んでいる。フズリナについても調べてみた。ウィキペディアから引用する。

『フズリナは、有孔虫のうちフズリナ目（Fusulinida）に分類される絶滅した原生動物の一群。紡錘虫（ぼうすいちゅう）とも呼ばれる。フズリナ目は、古生代（石炭紀～ペルム紀）に全盛期を迎えた有孔虫で、存続した期間は約1億年。石灰質の殻を持っていたことから、石灰岩中に現れる化石として知られる。』「フズリナ（岩石）」（2023年2月13日（月）00：26UTCの版）『ウィキペディア日本語版』

フズリナが石炭紀以降の時代に全盛期を迎えた有孔虫ならこれも候補から外れる。オルドビス紀に堆積した石灰岩がどのような生物の遺骸が堆積してできたかについて調べる事ができなかった。しかし、石灰岩が植物プランクトンと動物プランクトンの遺骸が海底で堆積した物なら、そして海底で分厚く堆積していたなら地下深くに押し込められて窒素を放出する事になる。石炭ができる過程で窒素が放出される理屈と同じである。

オルドビス紀以前に堆積した生物由来の堆積岩と言えばチャートしか残っていない。

●チャートについて

生物起源の堆積岩の一つにチャートがある。チャートは主に二酸化ケイ素（SiO2）からできている。すると、チャートは珪藻のような植物プランクトンの死骸が大量に集まってできた岩石だという事になる。そして、チャートはとても硬い岩石で、ハンマーで叩いてみても簡単に割る事ができない。すると、とても古い岩石だという事になる。調べてみると、古生代以前の地層にも見つかるらしい。

植物プランクトンには珪藻と呼ばれるグループがある。珪藻土は藻類の一種である珪藻の殻の化石が堆積した物である。珪藻土について調べた。ウィキペディアから引用する。

『珪藻の殻は二酸化ケイ素（SiO2）でできており、珪藻土［1］もこれを主成分とする。珪藻が海や湖沼などで大量に増殖し死滅すると、その死骸は水底に沈殿する。死骸の中の有機物の部分は徐々に分解されていき、最終的には二酸化ケイ素を主成分とする殻のみが残る。このようにしてできた珪藻の化石からなる岩石が珪藻土である。多くの場合白亜紀以降の地層から産出される。』
「珪藻土」（2023年4月26日（水）11：30 UTCの版）『ウィキペディア日本語版』

今ではあまり使われていないが、ガスを使わない時期に煮炊きものに良く使っていた七輪がある。七輪は珪藻土を練って作っていたと記憶している。二酸化ケイ素（SiO2）は石英と同じ成分なので熱に強い。だから、七輪の材料として用いられた。

オルドビス紀に堆積したチャートは放散虫などの遺骸が堆積したという記述があったが古生代以前のチャートについては生物起源だと認められていない。これは化石が見つからないからだろう。古生物学者も歴史学者と同様に化石が見つからない以上生物起源の岩石だと認めないのだろう。しかし、古生代以前にも海生生物は居たはずである。地球が本来植物だらけの世界であって、全ての動物が植物の作る窒素化合物に依存して生きていたと考えるなら、放散虫の化石が見つからなかったとしても、膨大な量の植物プランクトンが古生代以前に既に存在していたと考えるべきだろう。古生代以前のチャートがどのような形で見つかるかについて私は良く知らない。しかし、広く層状に分布しているのであれば生物起源の岩石である事は明らかである。

石灰岩とチャートは海生生物の死骸が堆積してできた岩石である。全ての細胞を持つ生物がタンパク質でできているのだから、生物にとって窒素原子は必ずどこかで調達しなければならない元素である。その窒素を同化できるのが植物だけなのだから、円石藻、あるいは珪藻のような植物プランクトンが古生代以前の海水中に大量に漂っていたという事になる。そして、それらの植物が動物に食べられたとしても全てのタンパク質が分解されて無くなったとは思えない。海底に分厚く堆積したそれらの死骸には窒素化合物が残っていたはずである。それらの窒素化合物が地下深くに押し込められて、石炭が作られた時と同じように窒素を大量に放出した、と私は考えている。

この事は実験で確認できる。珪藻を小魚に食べさせて、糞となって出された珪藻に窒素化合物が残っている事を確認すればよい。少しでも残っているなら、ドーバー海峡の白亜の崖のように分厚く堆積すれば大量の窒素を放出したっておかしくない。

石灰岩はオルドビス紀以降の地層から見つかるという記述があった。古生代は古い時代から順に並べると、カンブリア紀、オルドビス紀、シルル紀、デボン紀、石炭紀、ペルル紀の6つの時代に分けられて、オルドビス紀は2番目に古い時代である。石灰岩は古生代以前の地層からは見つかっていないのだから、最古の窒素放出候補として残るのはチャートである。

石炭紀以前に大気中に存在したであろう大量の窒素と酸素の由来について考えていくと、その始まりは珪藻のように二酸化ケイ素（SiO2）の殻を持つ植物プランクトンだという結論になった。

二酸化ケイ素（SiO2）は岩石中に最も多く含まれて居る成分である。海水中に溶ける量が少なかったとしても、地球上に細胞を持つ生物が現れ始めた頃に、ごく普通に、豊富に海水中に含まれて居た物質が二酸化ケイ素である。何故なら、ほとんどの岩石に含まれる石英が二酸化ケイ素その物だからである。地球上に現れた生物は海水中に豊富に含まれている二酸化ケイ素をまず始めに使って体を作っていったのだろう。

オルドビス紀に入って石灰岩が登場したのだから、オルドビス紀以前に海水中の二酸化炭素濃度が上昇したのだろう。二酸化炭素濃度が上昇したのはオルドビス紀以前に植物プランクトンを食べた動物が異常繁殖した為だろう。古生代以前には海水中の二酸化炭素濃度は高くなかった。そう考えるとP37のグラフに示された二酸化炭素濃度のグラフも怪しいという事になる。

● 4億年前以前に作られた有機物の行方

ここまで考えて、又新たに疑問が湧いてきた。それは4億年前以前に作られた有機物はどこへ行ったのかという疑問である。水中植物が盛んに酸素を放出し始めた6億年前から4億年前までの出来事についてである。酸素が盛んに放出されたのであれば、同時に作られたはずの大量の有機物が大量に残っていなければ計算が合わない。私はそれらの有機物が石油、天然ガスに変わったのだと思っていた。しかし、石油は窒素化合物を含んだまま現在まで残っている。そして、大量に窒素を放出したのは石灰岩とチャートである。すると、窒素を放出した後の有機物がどこかへ消えてしまったという事になる。

又、面白い考えが浮かんできた。私の頭の中に常識はない。

仮説4　石灰岩とチャートが地下深くの場所で生成される際に、有機物は高温高圧の条件下で窒素ガス、二酸化炭素、水に分解されて海水中に放出された。

私の考えでは、古生代以前にいた植物は二酸化ケイ素の殻を持つ植物プランクトンである。それを食べる動物が居たとしても糞の中の二酸化ケイ素は海底に沈んで残る。大量の生物の遺骸が地下深くに押し込められ、高温高圧の条件下で窒素ガス、二酸化炭素、水を放出する。それらを放出した後、二酸化ケイ素だけが残りチャートになる。すると、作られた有機物は全て分解されて放出され、後には何も残らない事になる。

この働きと同じ事が石炭生成時にも起きている。石炭化である。炭素だけが残って他の成分が徐々に放出される働きの事である。二酸化ケイ素の事をケイ酸と呼ぶのだから、チャートができる時には珪酸化と呼べばよい。同様に、石灰岩ができる時には石灰化と呼べばよい。

生物の死骸が分厚く堆積して地下深くに押し込められ、高温高圧の条件下で木性シダが石炭化の過程で窒素と水を放出するなら、珪酸の殻を持つ植物プランクトンも炭酸カルシウムの殻を持つ動物プランクトンも、それぞれ珪酸化と石灰化の過程で窒素、二酸化炭素、水を放出してもおかしくない。炭酸カルシウムとは石灰岩の主成分である。

細胞を持つ生物が現れ始めてからカンブリア紀の時代まで、ずっと珪酸化の働きだけが続いたのだろう。珪酸化が数億年間続いたとすると、珪酸の殻を持つ植物プランクトンの遺骸から放出され続けた二酸化炭素は水に溶けて海水中の二酸化炭素濃度はどんどん上昇する。

二酸化ケイ素は元々水に溶けにくい物質なので、海水中には多く存在していない。そこへ、水に溶けやすい二酸化炭素が動物の働きで大量に作られるようになった。生物たちは海水中にたくさん溶けている二酸化炭素の方を使ってカルシウムと結合させ炭酸カルシウムの殻を身にまとうようになった。そして、オルドビス紀に入って石灰岩がたくさん作られ始めた。もちろん、石灰岩が作られる際にも生物の遺骸に含まれて居る有機物は全て、窒素、二酸化炭素、水に分解されて後には炭酸カルシウムだけが残る。この考えだと、古生代以前に作られた有機物は全て地下深くの場所で分解され窒素、二酸化炭素、水になって放出された事になる。

この事も実験で確認できる。珪藻の死骸を大量に用意し、高温高圧の条件下、無酸素の状態で二酸化炭素、窒素、水が放出される事を確認すればよい。石灰岩の場合も同様である。炭酸カルシウムの殻を持つプランクトンを使って二酸化炭素、窒素、水が放出される事が確認できれば、石炭紀以前にどのようにして二酸化炭素、窒素、水が放出されたのかを再現できる事になる。

恐らく実験は成功するだろうと思っているが、もし成功したとすると、窒素、二酸化炭素、水さえも生物起源の物質だという事になる。このような考えも今までには無かっただろう。

世界中の学者たちは、石炭化の過程で酸素と水素が放出される事については認めている。これに窒素も加えるべきだろう。同じ理屈で、生物の遺骸が石灰化と珪酸化の過程で二酸化炭素と水が放出された事も認めるかも知れない。もしそうなら、ついでに石灰化と珪酸化の過程で窒素が放出される事も認めてみてはどうだろうか。

私は、何となくだが、太古の昔から水が大量にあるとは思っていなかった。私の考えが正しいのなら、石灰岩、チャート、石炭、いずれの物質も地下深くに押し込められると生成過程で水が出て来るはずである。その量も無視できないのではないかと私は思っている。確認の為の実験はするべきだろう。

古生代以前に窒素が大量に放出された謎について考えている内に、とんでもない所まで踏み込んでしまった。そして、絶滅ストーリー後半に石炭と石灰岩から無視できないほど大量の窒素が放出されただろうという事が分かった。しかし、絶滅ストーリー後半に酸素量が減少した謎がまだ残っている。

●酸素量が減少する理由

計算上、絶滅ストーリー後半に窒素が大量に放出された事に驚いて、古生代以前の出来事にまで話を広げてしまったのだが、古生代の出来事に話を戻さなければならない。窒素の放出量が無視できないほど多い事が分かったのだが、酸素量が減少した場合も考えておくべきだろう。

酸素量が減少した場合を考えて絶滅ストーリー後半の酸素放出量を−15にして計算すると窒素増加量は51になった。窒素放出量が100を超えないと思って、酸素量が減少する理由を探すことにした。何故なら窒素に関する解釈が間違っているとは思えなかったからである。

酸素は窒素の2倍量水に吸収される。すると、木性シダが放出した酸素は窒素よりも多く水に吸収される。そして、木性シダが絶滅した後で陸上の酸素放出量は大きく減少したが、木性シダが絶滅した後に大型の昆虫類と両生類はまだ滅んではいない。それらの動物の酸素消費量が膨大な量になるとしか考えられない。

酸素濃度変化グラフと計算結果が正しいなら、動物の酸素消費量に対する認識を変えなければならない。本来地球は植物だらけの星だと考えて動物の働きを軽く考えてきたが、この考えは誤りである。

植物に寄生するちっぽけな虫のような存在でも、植物が成長する速さ以上の速度で葉を食べ始め、短期間に世代交代をすれば葉を食べ尽くす事も可能である。

植物が光合成の働きで有機物と酸素を作る速度より草食動物が有機物と酸素を消費する方がはるかに速いと考えるべきである。何故なら、植物は動かないが動物は動くからである。動かない植物より動く動物の方がはるかに多くのエネルギーを消費する。

大量のエネルギーを消費するから大量の食料と酸素が必要になる。1頭の羊が1日に消費する有機物と酸素量は1本の木が1日に生産する有機物と酸素の量をはるかに上回る。羊の数が多いなら、草原に生えている植物を、根を残して残らず食べ尽くす事も可能である。
（動物は厄介な生き物だ。餌を探して動き続けなければならない。いっそ、ミドリムシのように皮膚に葉緑素があれば、昼は光を浴びるだけで生きていける。しかし、この年になって思うのだが、光を浴びるだけで生きていけたとしても、筋肉が萎縮して使い物にならなければ、夜は大変だろうな、等と考えてしまう）
　大型の両性類は大型の昆虫類を食べる。大型の昆虫類は小型の昆虫類を食べる。それらの動物を支える大量の植物は水中にいる。水中の植物が放出する酸素量をはるかに超える量の酸素を大型の陸上生物が消費し続けるなら大気中の酸素量は減少する。木性シダが絶滅した後の2600万年間、陸上に居た動物がこのように酸素を消費し続ければ酸素量が元の量より少なくなる事だってあるかも知れない。
　随分遠回りをしたが、計算上、窒素放出量がとんでもなく多い量になった衝撃から、なんとか立ち直る事ができた。元々作り話をするような気分で書き始めたのだから、私さえ納得すれば先へ進む事ができる。まだ古生代に起きた事しか解釈しか終えていないのだから、元に戻って話を進める事にする。

3章　中生代の世界

　古生代と古生代以前に起こった事について、私なりの解釈を行った。では、中生代に起きた事を全て絶滅ストーリーに沿って説明できるだろうか。
　まず、中生代末期に起きた酸素濃度の低下が石炭、石灰岩、チャート生成に伴う窒素の大量放出によるものである事を確認しなければならない。石灰岩については中生代の白亜紀に大量に生成されたという記述があった。フズリナなどの海生生物の遺骸が堆積したのだろう。チャート、珪藻土についても円石藻などの植物プランクトンが大量に堆積したのだろう。しかし、窒素放出が最も多かったのは石炭と考えて良いだろう。何故なら、水中植物（植物プランクトン）の酸素放出量より木性シダの酸素放出量の方がけた違いに多いと考えているからである
　恐竜化石がたくさん見つかるのは主に中国と北アメリカ、次いでドイツである。中国とドイツは中生代の石炭を多く産出する。そして、最近の調査ではアメリカの中生代の石炭埋蔵量が多いそうである。すると、恐竜出現と石炭は密接な関係にあると言って良いだろう。
　石炭の大量蓄積は国ごとの石炭の生産量と埋蔵量を調べればわかる。早速調べてみた。書物によると、中生代の地層から石炭を多く産出する国はロシアと中国、そしてアメリカである。特に中国は石炭産出量が世界一であり、三畳紀、ジュラ紀、白亜紀の地層から石炭を多く産出している。そして、ロシアはジュラ紀、白亜紀の地層から産出されている。
　最近の研究では地質時代の大陸の位置が古地図で表されている。その地図が正しいとすると、恐竜が絶滅した白亜紀の頃の地球では石炭を多く産出するロシア、中国は中緯度に位置していて地理的に見て近い関係にある。すると、当時植物が繁茂していたのは今日のような赤道付近ではなく中緯度の地域が植物

の生育に最も適していた事になる。南極大陸は南半球の中緯度に位置していたのだから、南極大陸でも植物が繁茂していたと考えて良いだろう。当時、南極大陸、北アメリカ大陸、ユーラシア大陸は地続きではなく、それぞれの大陸は大洋によって隔たれた位置にあった。それぞれの大陸に居た恐竜類が一斉に絶滅したのだから恐竜の絶滅には地球規模の環境の変化が関わっていた事になる。

過去の地質時代にどれぐらいの石炭積算量があったのかを表すグラフを見つけた。石炭産出量と埋蔵量を合わせて石炭積算量という言葉で表すとすると、古生代にはおよそ5割の石炭積算量。中生代にはおよそ4割。のこりの1割が新生代だそうである。三畳紀の最初の頃、陸上植物はほとんど滅んでしまったのだから、中生代の石炭は三畳紀の中頃まで石炭は作られていない。三畳紀後半、ジュラ紀、白亜紀、それぞれの時代における石炭積算量の合計が全石炭積算量の4割に当たるのだから、すごい量である。その大量の石炭から放出される窒素量は膨大な量になった事が想像される。

酸素濃度変化グラフ

酸素濃度変化グラフによると、古生代末期に酸素濃度が15%にまで下がった後、三畳紀に入ってグラフは急に上昇し始め、ジュラ紀の初めの頃に上昇速度が下がっている。グラフの途中でグラフが折れ曲がっているのである。その折れ曲がった場所はジュラ紀が始まった時に重なる。グラフが変化するには理由があるはずである。一体何が起きていたのだろうか。推理してみた。

まず、三畳紀に起きた事を考えてみた。前述したように大絶滅が起きた後三畳紀前半の地層に石炭が見つかっていない。だから、地下深くにある石炭層から窒素が放出される事はほとんど無いと言って良いだろう。そんな状態で、三畳紀には酸素濃度が急に上昇している。酸素濃度の上昇は植物が急に大繁殖した事を表している。

しかし、陸上植物が全て絶滅したなら、再び陸に上がり始めた植物は新しい環境に合わせて一から進化し直さなければならない。徐々に生育範囲を広げていったと考えるとこの時期の酸素濃度の上昇は異常だという事になる。理由を推理してみた。

私の解釈はこうだ。

大型の菌類が大量の木材を全て分解した後、植物が生えていた場所は大量の有機物が蓄積している。深くまで有機物が堆積しているのだから、栄養をたっぷり含んだ分厚い土壌の層ができていたと考えて良いだろう。全くの荒れ地に進出していった古生代前半の状況とは違っていた。だから、植物は一気に成長し、生息範囲を広げる事ができた。そして、酸素濃度が急に上昇した。おそらく、中生代と古生代との違いは、分厚く堆積した大量の土壌の層が中生代にはあって古生代にはなかった事だ。その差が酸素濃度変化グラフに反映されているのだろう。

私の説では、この土壌層は三畳紀に大繁栄した大型キノコの置き土産である。枯れ木の山の根元には枯れ葉がたくさん積もっている。枯れ葉が全て分解されれば、葉を作る為の窒素を含む栄養分がそのままそっくり残っている事になる。再び上陸し始めた植物にとってこれほど恵まれた環境はない。だから、一気に繁殖する事になって酸素濃度が急上昇した。これほどうまく当てはまると解釈する事が楽しくなってくる。

次にジュラ紀に入って酸素濃度の上昇速度が下がった。これはジュラ紀に蓄積した石炭層から一斉に窒素ガスが出始めたからだと解釈した。窒素ガスが放出され始めると窒素量が増える。増えた窒素量は酸素濃度に影響を与える。実際、ロシアと中国ではジュラ紀の地層から石炭がたくさん出始めているのだから、このグラフの変化した理由を説明する事ができる。ある意味この変化は私の説を補強しているかのような変化だと言える。

古生代では窒素ガスの大量放出が始まった時から酸素濃度が低下し始めていた。しかし、中生代では石炭から放出された窒素が酸素濃度の上昇速度を低下させ、グラフの形を変えたに過ぎない。グラフが下方に折れ曲がっているところの話である。グラフをそのまま解釈すると、ジュラ紀に入って窒素ガスが放出され始めたとしても、その放出量よりも多い酸素が放出されていた。だから、酸素濃度が上昇し続けたと解釈するしかない。しかも、9500万年間、同じ状態が続いた。

中生代の石炭量

ここで一つ妙な事に気が付いた。ジュラ紀から始まった石炭からの窒素放出が無ければ植物からの酸素放出速度は三畳紀と同じはずである。ジュラ紀、白亜紀と続く時代には三畳紀と同等あるいはそれ以上の酸素放出速度で酸素の放出量が増加しているはずである。

酸素濃度変化グラフによると、同じ割合でジュラ紀と白亜紀合わせて7000万年の間、酸素濃度が上昇し続けている。三畳紀まで加えると、その期間は9500万年間酸素濃度が上昇している。その期間中、蓄積した石炭からの窒素放出は続いていただろう。しかし、酸素濃度が上昇しているのだから、それを上回る勢いで植物が増え続けていた事になる。常に石炭から放出される窒素量の増加速度より植物から放出される酸素量の増加速度の方が大きくなければ酸素濃度が上昇するわけがない。

すると、中生代の期間中、古生代をはるかに凌ぐとんでもない量の木性シダが大繁殖していなければならない。古生代の想像図には両生類と共に背の高い木性シダの大森林が描かれている。しかし、中生代の想像図には恐竜の姿ばかり描かれていて木性シダの大森林は描かれていない。恐竜が絶滅するまでの永い年月ずっと酸素濃度が上昇していたのだから、中生代には恐竜類の姿を隠すほどの木性シダ大森林があったと認識を改める必要がある。

中生代に蓄積した石炭量をも見直す必要がある。酸素濃度変化グラフを何度見直してもそのような考えしか浮かんでこない。中生代に堆積した石炭量が古生代の石炭量をはるかに上回る量でなければ酸素濃度変化グラフの上昇を説明できない事になる。

中生代の石炭産地が主にロシアと中国に集中している状況だが、もっと多くの場所に中生代の石炭が眠っているはずである。アメリカを加えたとしても少ない。そこで、心当たりのある場所を探すことにした。

アマゾンは広大な土地に広がった熱帯雨林である。仮に数千万前から今のように熱帯雨林が存在していたなら、その地下にはとても分厚く堆積した木材があるだろうし、さらにその下には炭化が始まった石炭層がある事になる。木材の重みで地殻は広大なアマゾン川流域全体で下がり続けているのだから、放出される窒素量は膨大な量になる。もし、中生代の頃からアマゾンの熱帯雨林があったなら、酸素濃度上昇の原因になる場所の候補地が増える事になる。

氷が分厚く乗っかるだけで陸地全体が沈み込むなら、アマゾン流域全体が木材の重さで沈み込んだって不思議ではない。カナダの大森林もロシアのタイガと呼ばれる大森林も同様に地下深くに石炭が眠っていると考えなければ中生代の石炭量を説明できない。古生代と同じように中生代でも多くの場所で大森林が存在しなければ、中生代の期間中酸素濃度が上昇し続けた理由を説明する事ができない。

既に述べたように、私は計算で地下にはまだ130倍量の石炭が眠っていると考えた。しかし、窒素を放出したのは石炭だけではない。石灰岩とチャート生成時にも放出されていたのだから見直しが必要だろう。古生代以前に生成されたチャートの量はとても少ないだろうから、この際無視しても良いだろう。問題なのは石灰岩生成時の窒素放出量である。

膨大な量の石灰岩が世界中に分布していた。仮に、大気中窒素の半分が石灰岩生成時に作られたとすると、地下に眠っている石炭量は半分の65倍量になる。多くの学者が考えている石炭蓄積量の65倍だ。当初の計算より随分少なくなったが、まだこれでも多い気がする。そして、その石炭は主に中生代の頃に堆積していたのではないかと私は考えている。

窒素の大量放出は木性シダ大森林が地下深くに沈み込んだ後に起きる。大森林の沈み込みと窒素ガスの放出、この2つの出来事が対になってずれた時間帯に必ず起きる事だと考えると、後で必ず起きる中生代石炭層からの窒素ガス大量放出は中生代末期にはまだ完了していない。何故なら中生代の期間中酸素濃度が上昇し続けていたからである。

酸素濃度が上昇している期間は絶えず新たに木性シダが蓄積し続けている期間である。古生代の絶滅ストーリーに当てはめると、中生代ではまだその半分ほどが終わっただけで窒素ガスの大放出はまだ完了していない。現在地球は絶滅ストーリーの後半に突入して、後半の半分ほどが過ぎた頃だという事になる。

中生代の間中あちこちの場所で蓄積し続けた大森林からの窒素の一斉放出は恐竜絶滅の1700万年前ごろから始まった。何故なら、その頃から酸素濃度が下がり始めているからである。そして、更にそれより1800万年ほど前に木性シダ類が揃って絶滅している。この時の出来事を順に表すと、木性シダの絶滅、酸素濃度の低下、恐竜の絶滅である。恐竜が絶滅する前に起きたこの2つの出来事が恐竜にどのような影響を与えたのか。いよいよ恐竜の世界である。

恐竜の絶滅

古生代に起きた大絶滅までの様子について色々調べている間に、動物の絶滅には面白い共通点がある事に気が付いた。動物が大絶滅する前に植物の絶滅が起こっている事である。

●植物の絶滅

地質時代を分ける時に基準としているのは動物が絶滅した種類の数である。ある地層を境にして多くの種類の動物が滅んだのであれば、それ以前の地層と以後の地層に名前を付けて分けている。例えば古生代末期におよそ8割の動物が滅んだのだから、それ以前の時代を古生代と名付け、それ以降の時代を中生代と呼ぶように。中生代はそのようにして3つに分けられた。古い順に5000万年続いた三畳紀、4500万年続いたジュラ紀、7000万年続いた白亜紀である。

ペルム紀末期の大絶滅の2600万年前にはロボク、リンボク、フウインボクなどの木性シダが揃って絶滅している。ジュラ紀末期の絶滅の2700万年前には種子シダ植物が絶滅している。白亜紀末期に恐竜たちが絶滅する3500万年前にはベンネチーテス類とナトールステアナ類の2つの種類が絶滅している。多くの動物が絶滅する前に植物が揃って絶滅している。しかも、植物絶滅後のおよそ3000万年後に動物が揃って絶滅しているのである。

動物も植物も絶滅するという事は大変な事である。しかし、動物は化石として多く残っていて研究が進んでいるが、植物の方は化石として残りにくく研究が進んでいない。草食動物が現れだした後、植物は常に食べられる側に回っているのだから余計に化石として残りにくい。そして、大型の草食恐竜が現れてすごい勢いで植物を食べたとしたら、植物は一層化石として残りにくくなる。すると、植物に関しての情報は少なくなり、植物がどのような状態だったのかについて推理するしかない事になる。

随分前の事になるが、和歌山県湯浅町の海岸へ化石取りに出かけた。そこは中生代の地層が露出していて灰色の岩石が無数に転がっていた。アンモナイトの化石が目的だったのだが、いくら石を割っても出るのはシダの葉ばかりだった。葉の特徴から種類は分かるかも知れないが茎にあたる部分は見つからなかった。植物は全体像を捕えにくい。

多くの学者が絶滅の原因を探す時に植物の存在を考慮の対象にしないのは植物の実態が掴み難いからである。しかし、動物が絶滅する3000万年ほど前に共通して植物が絶滅しているのなら、何か理由があるはずである。前述した3回の植物絶滅について考えてみた。

古生代ペルム紀に起きた木性シダの絶滅は酸素濃度が低下した事が原因だと私なりの解釈を行った。中生代ジュラ紀に絶滅したのは種子シダ植物である。白亜紀に絶滅した2種類の植物の名前は聞きなれない名前なので調べてみた。

ベンネチーテス類は種子シダ植物から枝分かれして進化した植物でソテツ植物だと記述があった。ナトールステアナはフウインボクの仲間で一旦絶滅した種類が白亜紀になって再び化石として登場した。どちらも古生代末期に一旦絶滅した植物である。辛うじて生き残った2種類の木性シダの仲間が再び白亜紀の中頃に揃って滅んでしまったのである。

中生代における植物絶滅の理由について考えてみた。この3種類の裸子植物が絶滅した時期はどれも酸素濃度が20%を超えていたのだから、絶滅の原因は古生代のように酸素濃度が低下したからではない。すると、草食爬虫類に食べ尽くされたのかもしれない。いくら考えても他の理由が思い当たらない。

地球は本来植物だらけの惑星で、動物は植物に寄生する虫のような存在だと思っていたのだが、ジュラ紀、白亜紀には体長20mの大型恐竜が居たのが事実だから考えを改めなければならない。

何故なら。体長20mの大型恐竜は7階建てのビルに相当する大きさだからである。その恐竜が植物絶滅の原因になり得るかどうか。さらに植物絶滅が恐竜絶滅の原因になり得るかどうか。その事が不明のままでは先へ進めない。

何故なら、草食恐竜の食べていた植物が主に木性シダなら、木性シダの再生速度以上の速さで恐竜が植物を食べ続ければ、恐竜は木性シダと共に滅びる事になるからである。その可能性があるならじっくりと考える必要がある。想像を絶する巨大な恐竜について、一から考えてみたいと思う。

●恐竜の不思議さについて

恐竜が居た頃の酸素濃度は現在よりも高く30%ぐらいあったそうである。恐竜類が絶滅せずに現在も生き残っていたとして、酸素濃度20%の世界で生きてゆけるか考えてみた。単純に考えて、空気中には30分の20、つまり3分の2しか酸素は含まれて居ない。だから、必要な酸素を得るには2分の3倍の空気が必要だという事になる。1.5倍の空気が必要な環境で恐竜は生きてゆけるだろうか。

酸素濃度は気圧に比例する。例えば富士山頂上の気圧は低く地上の3分の2ぐらいなのだから酸素濃度も3分の2になる。人間の場合、富士山頂では活発に動き回る事はできない。なぜなら、人間の体は酸素濃度20%の世界に適応した体になっているからである。同様に考えて、恐竜が生まれた環境が酸素濃度30%の世界だとすると、酸素濃度20%の世界は恐竜にとって高度4000mの高山にいるような環境だという事になりとても生きてゆけない世界だという事になる。

恐竜の体は悲鳴を上げ始めるだろうと思う。体全体の設計図を酸素濃度20%に合うように書き換える事ができれば生き残れるが、遺伝子全体の配列を大きく変える事はそう簡単ではない。では、大型昆虫が滅んだように、大型の両性類が滅んだように、酸素濃度が低下すれば恐竜類も滅ぶしかない事になる。

恐竜復活プロジェクトがあったとして、うまく恐竜をよみがえらせる事ができたとしても、酸素濃度30％の巨大カプセルが必要になり、ジュラシックワールドは実現しない事になる。

この考えの元になっているのは、現在の生き物とは違って恐竜が酸素濃度30%の世界に適した設計図を持っている事である。設計図とは遺伝子情報の事である。どのような体を作るかという情報はそれぞれの細胞の核の中にある染色体と呼ばれるたんぱく質に書き込まれている。長い年月をかけて作られた設計図は精密を極めていて生まれてくる子はその設計図通りにコピーされる。だから、簡単に書き換える事はできない。書き換える事ができるのは突然変異が起きた時だし、その突然変異は気まぐれに、それこそ突然起きる事だからである。生き物はその気まぐれに突然起きる変異の積み重ねで、より環境に適した生き物だけが生き残って命をつないできた。大型恐竜は酸素濃度30%の世界で生まれたスーパースターなのである。では、酸素濃度30%の世界とはどのような世界だろうか。

恐竜の設計図ができあがるまでの地球環境を考えてみた。

古生代末期に生物の大絶滅が起こった。恐竜の設計図ができあがるまでに、ジュラ紀と白亜紀合わせて1億年以上の時間が必要だった。ほとんどの生物が滅んだ後だから、地球環境が変わる度に、その環境に合わせて設計図を何度も書き換えなければならない。書き換えに失敗した生き物は滅んだだろうし、成功した生き物は連綿と命をつないできた。恐竜はそのようにして生き残った成功者の一族なのである。しかし、酸素濃度がどんどん低下すれば呼吸が困難になる。

ここで一つの事に気が付いた。酸素濃度が高い時代に大型動物が出現しているという事である。石炭紀には大型の昆虫類と大型の両生類がいた。ジュラ紀、白亜紀には大型の爬虫類が居た。どれも酸素濃度が高くなっていくにつれて出現し、どんどん巨大化している。酸素濃度が高い環境に合わせて出現したのだから、体を作る設計図は全て高酸素濃度30%仕様になっていると考えて良いだろう。すると、酸素濃度が高ければ生物は巨大化するという事になる。

現在生きている生物を高い酸素濃度にした部屋で飼育し続けても巨大化する事はないだろう。遺伝子配列が全く異なっているからである。遺伝子配列とは体を作る為の設計図のような物である。それに、酸素が高濃度の環境下では人間は生きてゆけないと聞いた事がある。人間は酸素濃度20%の世界に特化した住人なのである。

石炭紀にはとても大きな昆虫類が多く出現した。酸素濃度35%の世界なのだからこんな生物が現れたのだろう。石炭紀の終わりごろに原始的なトンボの仲間が出現し、最大のトンボの翅の長さは30㎝を超えていた。体は太くて羽を広げれば70㎝になったらしい。現在では考えられないような大きな昆虫の化石が多く見つかっているのだから間違いない。この頃にはまだ爬虫類は登場していない。両生類の世界なのである。しかも大型の両性類が多く登場した。発掘された最大の両生類の化石は1.8mあったらしい。オオサンショウウオは生きた化石と呼ばれるほど大きいから別格だとして、現在生きているイモリ、サンショウウオ、カエルはどれも小さい。可愛いと思える程小さいのだから、1.8mの両生類は驚くほど大きいサイズなのである。そして、現在の両生類からは想像できないほど大きい多種多様の両生類が居た。

やはり、酸素濃度が高ければ生物は巨大化すると言ってよいだろう。今は酸素濃度20%の世界なのだから、精一杯大きくなったとしても陸上ではゾウほどの大きさが限界なのだろう。すると、設計図の書き換えができない速さで酸素濃度が低下すると大型の恐竜は滅びるしかない。生物の大きさは酸素濃度に制限されるのかも知れない。とにかく酸素濃度30%の世界は想像を超えた別世界なのである。もう少しこの別世界について考えてみたいと思う。

●中生代の木性シダの絶滅

大型恐竜はでかい。信じられないぐらいでかい。体長数十メートルの草食恐竜はとんでもない量の植物を食べた事が想像できる。試しに計算してみた。

体長20mの肉食恐竜が居たとする。現在の肉食動物の10倍である。一辺が10㎝の体積は10 × 10 × 10で1000㎤。体積は長さの三乗に比例するのだから、肉食恐竜の体積は現在の肉食動物の1000倍ある事になる。単純に全て1000倍になると考えると、1頭の肉食恐竜が生きていくには、現在生きている肉食動物が必要としている1000倍の草食動物、例えば1000頭の羊が必要になる。同じく、1頭の肉食恐竜が必要としている植物の量は、1頭の羊が食べる量の1000倍必要だという計算になる。計算が正しければ、大型恐竜が居た世界はとんでもない量の植物がなければ成り立たない世界だという事になる。

白亜紀に絶滅したナトールステアナ類はフウインボクの子孫、ベネチテス類は種子シダ植物の子孫、どちらもシダ類であり、とても大きかっただろうから木性シダと呼んでよいだろう。木性シダの想像図はどれも背が高く上部だけが茂っている。今の世界なら、ソテツ、フェニックス類のように下の方から順に葉を落として成長したのだろう。背の高い草食恐竜なら木性シダの上部に茂った葉をまとめて食べる事ができたかもしれない。

中生代は裸子植物の世界だと記述される場合が多い。シダ類も裸子植物に分類されるのだが、同じ裸子植物の中でもマツ、スギ、ヒノキの仲間はシダ類とは違っていて樹木と呼ばれている。草食恐竜がいくら大きくとも樹木をがりがりと齧っていたとは思えない。

シダ植物は原始的な裸子植物だから木部が発達していない。木部とは年輪の部分である。水を通すための導管と呼ばれる組織が死んで木の中心部に蓄積し、年輪になる。木は幹の表面だけが生きた細胞からなっていて、中心部分の木部は体を支える役割しかない。その木部が発達していないのだからシダ類は柔らかい。柔らかいのだから草食恐竜は硬い柱構造の裸子植物より木性シダの方を食べていたと考えて良いだろう。実際、2種類の木性シダが絶滅したのだから、大型草食恐竜によって食べ尽くされて滅んだのかも知れない。

キリンは葉を食べる。ヤギもヒツジも葉を食べる。木を食べない。そもそも木をがりがりと齧って食べる草食動物はいない。何故なら葉は生きた細胞そのものである。生きた細胞にはタンパク質が含まれて居る。タンパク質には窒素が含まれて居る。

葉には窒素が含まれて居るが年輪の部分には窒素が含まれて居ない。そして、多くの動物は木材を分解する事ができない。だから草食動物は葉を食べるのである。

草食恐竜の体がどんなに大きかったとしても、主に葉を食べていたと考えるべきだろう。やはり、葉を上部にまとめて茂らせる木性シダが草食恐竜の主な食料だったと考えて良い気がする。

私は、植物が食べ尽くされる様子を間近で見て知っているので紹介する。外来生物にアメリカシロヒトリという蛾の仲間がいる。その幼虫はすごい勢いで葉を食い荒らす。数回の羽化の後に葉は全て食べ尽くされて丸坊主になってしまう。街路樹の桜が次々と丸坊主にされるのだから、自治体から駆除の依頼が来る。しかし、幹と根が残って翌年の春になると再び葉が茂り始める。だから、たいした問題ではない。季節の変化があり、翌年アメリカシロヒトリが現れる前に葉を茂らせれば済む事だからである。単に毛虫が落ちて来て気持ちが悪いという理由で市民からクレームが入り自治体が動いたに過ぎない。

シダ類は桜の木のように季節の変わり目に一斉に葉が落ちたり、新芽が出たりする事はない。下にある古くなった葉から順に枯れて落ちてゆく。だから、シダ類は年中葉を茂らせている。木性シダが葉を茂らせる前に食べられ続けたとしたら、蛾の幼虫より、もっともっと大きい草食恐竜によって食べられ続けたとしたら木性シダは枯れるしかない。

キリンの背がいくら高くとも、背丈以上の葉を食べる事はできない。しかし、背丈10mの草食恐竜が現れれば、10m以下の植物は全て食べられる。そして、アルゼンチンでは体長45m

のアルゼンチノサウルスと呼ばれる草食恐竜が居た。ジュラ紀にはとんでもなく大きい草食恐竜が現れたのだから、食べられずに生き残る木性シダの方が少なかったかもしれない。アメリカシロヒトリの小さい幼虫が背の高い桜の木を短期間に丸坊主にする様子を知っている私としては、そのように考えるしかない。

●巨大な細胞

ここまで順に考えてきてある素朴な疑問が浮かんできた。仮に体長20mの大型恐竜がいたとして、その恐竜の受精卵が孵化するまでにどれ位の時間が必要だったのかという疑問である。ダチョウの卵はとても大きい。最も大きい細胞だとして記述される場合が多いのだが、細胞分裂し始める部分が大きいわけではない。ダチョウの場合、孵化するまでの栄養になる卵黄が大きいから卵まで大きくなったに過ぎない。同様に、恐竜の卵がいくら大きかろうと、細胞分裂し始める部分の大きさは変わらないだろう。恐竜の卵がとても大きかったとすると、孵化するまでの栄養になる卵黄も大きかっただろう。どれぐらいの大きさの卵黄が必要だったのだろうか。そして、孵化するまでにどれぐらいの時間が必要だったのだろうか。

現在いる動物の体長が2mだとすると、体長20mの大型恐竜の体積は体長2mの動物の1000倍になる。全て1000倍になると考えると、孵化して間なしの恐竜の大きさは10倍、体積は1000倍、細胞の数も1000倍必要になる。

この事をおもちゃのレゴで例えると、1000個のレゴで2mの恐竜を作ったとして、20mの恐竜を作るには1000×1000で

100万個のレゴが必要になる計算だ。卵の大きさが10倍で、卵黄の大きさが10倍なのだから、卵黄の体積は1000倍になる。卵黄を全て消費して孵化するのだから孵化までの時間は当然長くなる。

卵黄を消費するのに1000倍の時間が必要だとは思えない。何故なら、仮にダチョウの卵が1か月で孵化したとして計算すると、1000か月必要だから80年間卵のままで過ごさなければならない。これは無茶苦茶だ。卵が腐ってしまう。精一杯低く見積もって、仮に孵化するまでに20倍の時間が必要だとしても1年を軽く超えてしまう。

爬虫類の親は大抵卵の孵化に関与しないのだから、卵が親に守られる事はない。そして、孵化するまでに1年以上かかるのであれば季節の変化を乗り越えなければならない。

現在地球上に生きる生物のほとんどが季節の変化に対応して繁殖活動を行っている。春になれば花が咲き、虫が土の中から次々と顔を出すように、季節の移り変わりを待って繁殖行動を起こしている。1年を周期として感じ取り繁殖に最適な時期を選んでいるのである。気候の変化には気温の変化と湿度の変化があり、その変化が大きい時期を乗り越える事ができなければ孵化できない。だから、大抵の場合、爬虫類の卵のように産みっぱなしの卵が孵化するまでに必要な時間は1年を超えない。では、恐竜の卵が孵化するまでに1年以上かかってしまうという前述の計算方法が間違っているのか。それとも恐竜の卵だけが特殊で、あらゆる気候の変化に耐える事ができたのだろうか。そして、孵化するまで何年も卵のまま過ごしたのだろうか。あるいは、季節の変化がなかったのだろうか。

恐竜の卵の写真を見た事があって、大きい物では60㎝ぐらいはあったかと思う。それ以上の大きさの卵は確認されていない。卵黄の大きさは大きくても直径40㎝ぐらいだろう。ダチョウの卵黄の大きさが直径10㎝だとして、恐竜の卵黄の大きさは4倍。体積は64倍ほどになる。前述の計算をすると孵化するまでに5年ほどかかってしまう。どのような計算をしても1年を軽く超えてしまう。すると、恐竜の卵は季節変化の影響を受けない特殊な卵だったという事になる。そして、1年以上の年月をかけて、地熱だけで孵化した事になる。そんな事が可能だろうか。

では、恐竜はダチョウの雛の4倍くらいの大きさで生まれてその後どんどん大きくなる、と考えるしかない。大抵の爬虫類は産みっぱなしで子育てをしないのだから、生まれたての恐竜は襲われない大きさになるまで逃げ回って生活しなければ生きてゆけない。襲われない大きさとは2mなのか、3mなのか。ヒトは2mほどの大きさになるまでに約20年かかっている。では、孵化した恐竜は20年も、30年も逃げ回っていたのだろうか。色々考えると、とても不思議な気がする。

そして、体長20mの恐竜の存在その物の不思議さである。大き過ぎる。どう考えても大き過ぎるのである。

ハツカネズミは成体になった後でも成長し続けている。成体になった後で成長が止まってしまう人間には理解しづらいのだが、成体になった後で成長し続ける生き物はまだ他にもいる。魚類がそうだし、爬虫類の中にも居ると思っている。爬虫類の中でも恐竜こそ成長し続ける生き物の代表ではないかと思っている。そして、その成長の仕方に対して疑問を抱いているのである。

例えば、ウミガメが成体になった後も成長し続ける生き物だとする。成体になった後で成長し続け、体重が2倍になったとしても、体長は2の3乗根だから4割しか増えない。体重が8倍になって初めて体長が2倍になる計算だ。餌が豊富ではなく毎日に食べる餌の量が変わらないのであれば、2倍の大きさになる為に、それまで生きてきた時間の8倍の時間が必要だという事になる。3倍の大きさになる為には、3の3乗で27倍の時間が必要になる。

ヒトは18歳ぐらいで成長が止まり身長は2mほどである。ヒトは10年でおよそ1mの高さにしかならない。若い恐竜が居て仮に10年で体長5mにまで成長したとする。ヒトと比べてとんでもない速さで成長したとしても、さらに体長20mの大きさに成長するのには4の3乗倍、つまり10年×64で640年かかってしまう計算だ。ヒトと同じ成長速度だとすると、10年×20×20×20で8万年かかってしまう。

もちろん、大きくなればなるほど餌を食べる量が増えて成長が速くなるだろう。だから、この計算通りではないだろう。しかし、その差が大き過ぎる。10年で5mにまで成長するのは無茶苦茶だし、さらに、恐竜の寿命が100年だとして、100年ほどで4倍の大きさに成長するのも無茶苦茶なのである。

何故なら、それぞれの細胞には寿命があって古くなると作り替える必要がある。皮膚の細胞が古くなると死んで垢となって剥がれ落ちるように。神経細胞はその作り替えができないと聞いた事がある。作り替えができないから全ての動物には寿命があって生存期間が限られる。だから、定期的に子を産み育てて世代交代をする。世代交代をすれば命をつなぐ事ができるのだから、種を保存する為にはせいぜい100年も生きれば十分なのである。仮に大型恐竜の寿命が100年以内だとして、どのように成長すれば巨大な恐竜になるのか。計算方法にどんな修正を加えても恐竜の大きさを説明できない。何故だろうか。不思議だとしか言いようがない。

しかし、とんでもない常識外れの仮説がふと浮かんできた。そして、その仮説を立てると全てうまくいく事に気が付いた。そもそも、10倍の大きさの体を作るのに1000倍の細胞が必要だという考え方がおかしい。10倍の大きさのレゴを用意すればレゴの数を1000倍用意する必要が無い。

仮説5　酸素濃度が高く酸素量が多ければ細胞は巨大化する。

私の頭の中に常識はない。常識にとらわれず、柔軟な考え方で謎を解こうとすると、とんでもない仮説が浮かんでくる。そんな馬鹿な事はない、と一喝されて蹴り倒されそうな考えだが、この仮説が正しいとすると全てうまくいく。

木性シダが大型の草食恐竜に食べ尽くされて絶滅した場合を想像して再現してみた。

長い年月をかけて作り出した木性シダの大森林も食べられ始めると土地の乾燥化が始まり、次々と植物の生えない土地に変わっていったのだろう。植物が出す酸素の量はどんどん減っていった。恐竜の数が増えたので、恐竜が呼吸によって消費する酸素量も増えた。なにしろ、大型恐竜が消費する酸素の量は現在いる動物の1000倍の酸素が必要だからである。酸素濃度を35%にまで押し上げるほど繁茂し続けた木性シダの大森林が大型恐竜の出現によって食われ続けて減少した。

とんでもない勢いで木性シダが食べられた事が想像できるのだが、それも大型恐竜が巨大な細胞を持っているなら納得できる。草食恐竜が10倍の大きさの細胞を持っていたとする。豊富な酸素と1000倍の食料があるなら草食恐竜は10倍の速さで成長できる。草食恐竜が10倍の速さで成長し1000倍の植物を食べ続けるのなら、植物が再生する間がない。実際にジュラ紀の中頃には種子シダ植物が絶滅しているのだから、これを根拠として、木性シダが恐竜によって食べ尽くされ、滅ぼされたと考えて良い気がする。仮説が全て正しいとすると、うまく説明できる。

ある書物によると木性シダの最大の物は樹高が40mだったそうである。現在生き残っているシダ類はどれも小さい。仮説が正しいとすると、木性シダの細胞も大きかった事が考えられる。もし細胞自身が大きかったのなら、同じ回数細胞分裂しても木性シダはすぐに大きく成長する。現在のシダ植物の内最大のものは4m位だろう。では、古生代の木性シダは10倍の大きさだ。大型の昆虫類が現れた。原始的なトンボの羽根の長さが30㎝を超えていたのだから、現在いるトンボの10倍である。1.8mの大型の両性類が現れた。これも10倍ぐらいの大きさだ。そして、ジュラ紀になると恐竜が現れた。これもざっくり10倍の大きさだと考えると、高酸素濃度の環境では10倍ぐらいの大きさの生き物が勢ぞろいしていた事になる。

この事も不思議な事だと考えると、実に不思議な事である。何故なら、10倍の大きさの生物がたくさんいる環境を想像する事はとても困難な事だからである。現在の景色の中で敢えて想像するなら、人間の大きさが10分の1の20㎝になったとして、森の中に20㎝の我が身を置いて世界を想像するしかない。そうすれば、現在の景色とは全く違ったとんでもない世界が見えてくるはずである。

仮に、大型恐竜の体を作っている細胞の大きさが現在生きている細胞の10倍の大きさだったとすると、成長する為に必要な細胞分裂の回数は現在生きている生物と同じ回数で済んでしまう。卵が孵化するまでの時間も短くなり、現在生きている爬虫類と同じようにほったらかしでも地熱だけで卵は1年以内に孵化する事ができる。そして、生まれたての恐竜も短期間に成長するのだから、すぐに襲われない大きさになる。計算上無茶苦茶な結果ばかり出ていたのだが、細胞まで巨大化していたとすると全てうまく説明できるのである。ただし、高酸素濃度である事と食料が豊富にある事が条件になる。もしかすると、ダチョウの卵がとても大きいのも白亜紀に細胞が巨大化した時の名残かもしれない。

学者と呼ばれる人達は実験で再現できなければ認めようとしない。そして、証明できない事には一切口を挟まない。だから、例え思っていたとしても口にする事はない。しかし、私は学者ではないからSF作家のように自由に発想を広げて発言できる。無責任な立場で何だって言えるのである。

化石から細胞の大きさが確認できるなら証明できるのだが、細胞は化石として残りにくい。石炭紀に登場した裸子植物が樹脂のような物を出していて、それが琥珀になって残る事があるなら、琥珀に閉じ込められた昆虫に細胞が残っているかもしれない。その細胞がとても大きな細胞なら、私の説につながるかも知れない。常識外れのとんでもない仮説だが、酸素濃度35%の世界は酸素濃度20%の世界に住む人間にとって、想像する事のできない常識外れの世界なのである。だから、常識外れのとんでもない仮説であったとしても、即座に却下するのではなく可能性があると考えて一度検討してみてはどうだろうか。

●絶滅の連鎖

またとんでもない考えが浮かんできた。

今までの仮説が全て正しいとすると。動物のいない地球では絶滅を繰り返す事になる。

植物が大繁殖を始めると酸素濃度が上がる。酸素濃度が上がれば植物細胞が巨大化して更に酸素濃度が上がる。生育環境が良い場所を中心に細胞が巨大化した40mを超える植物が大森林を作る。地殻はその重みで下がり始める。氷が乗っかるだけで陸地全体が下がり始めるのだから、材木のような重い物が次々と大量に乗っかり続ければ海岸でなくても、アマゾン流域全体だって下がり続ける。数千万年もの間に蓄積した材木は膨大な量になる。すると、地下深くに押し込められた材木は高温高圧の条件下で窒素ガスを放出し始める。酸素の放出量より窒素ガスの放出量の方が多くなった時から酸素濃度が下がり始める。酸素濃度が15%以下になれば陸上植物は絶滅する。水中の酸素濃度は空気中より高いので、水中に避難する事ができた植物は生き残る。陸上植物が絶滅した後、2500万年ほど経過すると窒素の放出が止まる。すると、水中に避難していた植物が再び陸上へと進出し始める。これが繰り返されれば絶滅の連鎖になる。

仮説が全て正しいとすると、植物だけの世界では絶滅が何度も繰り返される事になる。古生代のように植物が食べられる事なく繁茂し続けた場合、陸上は植物だけの世界と言って良いだろう。すると、陸上に現れ始めた動物を含め、ほとんどの陸上生物は絶滅を避けられない。そして、大絶滅の後で生き残った生物は新しい環境に合わせて一から進化し直さなければならない。実際、この大絶滅の後の数千万年分の地層から動物化石は見つかっていないそうである。

しかし、生き残ったのは植物だけではない。絶滅を免れて水中に避難したのは植物だけではなく動物も避難している。生き残った原始的な両生類、爬虫類は植物と共に再び陸上へ上がり、新しい環境に合わせて進化していった。

その後、酸素濃度が上がれば植物も動物も細胞が巨大化して、生物そのものが巨大化する。恐竜が巨大化した理由が、高くなった酸素濃度に合わせて体の仕組みその物を作り替えて生き残ったのだとすると、大型恐竜の登場は絶滅ストーリーの中で必ず起きる事だという事になる。永い年月をかけて地下深くに押し込められた石炭量は膨大な量になり窒素ガスの放出量も膨大な量になる。すると、酸素濃度は下がり始める。酸素濃度が下がり続ければ、その変化についてゆけない生物から順に滅んでゆく。酸素濃度の低下速度が古生代のように早ければ、より多くの生物が滅ぶ。そして、酸素濃度が15%以下になれば古生代と同じように陸上生物が全て滅ぶ。今は滅びに向かっている途中である。

もっともらしい説だが証明する事などできる訳がない。全くの素人の言う事だから誰も相手にしないだろう。しかし、我ながら良くできた作り話だと思っている。
思いつくまま手当たり次第に謎を解いて書き進めてきたが、恐竜が何故絶滅したのかをまだ説明していない。

●恐竜が滅んだ理由

これが難しかった。まだ原因を絞り切れていないと言って良い。

巨大隕石の衝突説が広く流布していて、疑う余地が無いように扱われている。白亜紀末に巨大隕石がユカタン半島の当時浅海だった場所に衝突した。その影響で地球規模の環境変化が起きた。そして、恐竜は一斉に死滅したという説である。多くの学者が隕石衝突の証拠探しに夢中になり、その証拠が次々と見つかった。巨大な隕石がユカタン半島に衝突した事は間違いないようである。

しかし、魚類の多くは影響を受けていない。両生類、爬虫類も全て滅んだわけではない。ジュラ紀末に登場した哺乳類、鳥類は滅びることなくその後繁栄している。哺乳類と鳥類が滅んでいないという事は、それらの餌になるより小さな生き物も滅んでいないという事だ。すると、恐竜の仲間だけ滅んだ事の方が逆に不思議だという事になる。巨大隕石の衝突が恐竜類にだけ影響を与えた理由を考えなければならない。

恐竜類を巨大生物だと捉えるなら、小さな生き物を滅ぼさずに大きな生き物だけを滅ぼした理由を考えなければならない。

恐竜は巨大化した木性シダを主に食べていた。木性シダが巨大化するのに合わせて恐竜も巨大化していった。キリンの首がより高い植物の葉を食べる為に長くなったように、草食恐竜の首も長くなった。木性シダが食べ尽くされた場所は土地の乾燥化が始まる。一旦土地が乾燥し始めると胞子で増える木性シダは生きてゆけない。木性シダが生育できる場所は恐竜によってどんどん狭められていった。土地の乾燥化と草食恐竜に食べられる事が重なって木性シダが絶滅した。ここまでは間違いないだろう。

巨大な生物だけを選んで滅ぼす理由とは？　などと考えている内に、又とんでもない発想が浮かんだ。酸素濃度選択説だ。

何故恐竜だけが滅んだのかを考えている最中に、何故マンモスゾウが滅んだのかという疑問に疑いの目をシフトさせてみた。マンモスゾウは氷河時代に生きていた巨大な象で、体の表面に長い毛が生えていたので毛深マンモスとも呼ばれている。今のアフリカゾウよりもっと大きかった。人類は既に存在していて、マンモスゾウを滅ぼしたのは人類だと考えられている。そして、想像図では人類が槍を持って集団でマンモスゾウに襲い掛かる様子が見てきたかのように描かれている。

では、何故人類はマンモスゾウだけを狩り尽くす事ができたのだろうか。マンモスゾウより小さいけれどアフリカゾウは結構凶暴な生き物である。インドゾウはさらに小さい。アフリカゾウとインドゾウは人類によって狩り尽くされてはいない。その違いは何だろうかと考えている内にとんでもない発想が浮かんだ。

マンモスゾウは最も動きが鈍かった。だから、人類によって狩り尽くされた、と私は解釈した。何故マンモスゾウの動きが鈍いのかと言う問いに対して、私は酸素濃度の低下を理由として挙げた。

恐竜が滅んだ頃、地球は絶滅ストーリーの後半に入っていて、酸素濃度が低下している最中である。酸素濃度が今より高い時に、マンモスゾウはその酸素濃度に合わせて最も進化した最強のゾウになっていた。何故なら、マンモスゾウのいる世界は競争の激しい世界であり、より体の大きいマンモスゾウが競争に勝って生き残ったからだ、と私は解釈した。他の生き残ったゾウ達の世界は競争のない世界だったので、体を大きくする必要が無かった。体を大きくする進化の道を選ばなかったとしても生き残れるなら問題はない。そして、酸素濃度が下がっていった。マンモスゾウは体を大きくする進化の道を選んだので、酸素濃度が低下すると息苦しくなって動きが鈍くなった。動きが鈍くなったから真っ先に人類によって狩り尽くされた。他の生き残ったゾウ達は体を大きくする道を選ばなかった。だから、酸素濃度が低下してもその影響を受けなかった。

この考えの元になっているのは、進化の過程でそれぞれの環境に合わせて、それぞれの動物が自由に体の造りを選ぶことできるという事である。常に競争の社会に居る恐竜たちは競争が激化すれば、その動物が居た時期の酸素濃度に合わせて最強の装備を備えた。最強の装備とはその時の酸素濃度ギリギリまで細胞を大きくして巨大化した体の事である。酸素濃度が上昇すれば、さらに細胞が大きくなって巨大化した恐竜が優先的に生き残る。

この種の肉体改造は酸素濃度が高い時にだけ有効なのだが、酸素濃度が低下すれば破綻する。バブルが弾けて放漫経営をしていた会社から順に倒産したように、少しでも酸素濃度が低下すれば、エネルギー効率の悪い巨大な恐竜から順に、その体は悲鳴を上げ始める。丁度マンモスゾウが人類に狩り尽くされた時のように、巨大な恐竜から順に動きが鈍くなる。

一方木の陰に隠れ住んでいたネズミのような生き物達は競争より集団で助け合って生きる事の方を選んだ。だから、細胞を大きくする必要が無い。生きていける酸素があれば、そして、集団行動で身を守る事ができるなら、それで十分なのである。その原始的なネズミが哺乳類の先祖である。今生き残っている哺乳類は全てと言って良い位、多くの種が集団行動を行っている。集団行動しているなら、見張り役がいて危険をいち早く察知すれば集団全体が危険を回避できる。子を産み育てる事によって親子のつながりができ、家族単位で行動する事によって集団で身の安全を確保する。体の細胞を大きくする必要が無いなら、酸素濃度が下がっても影響を受けない。

しかし、爬虫類は単独行動である。恐竜類も単独行動である。ヘビもワニもトカゲも競争に打ち勝った種類だけが生き残る。今いる爬虫類達は今の酸素濃度ギリギリまで細胞を大きくして生き残った種類だという事になる。

もう一つ思い出した事がある。大阪の豊中にある大阪層群でワニの化石が見つかっている。早速調べてみた。マチカネワニと名付けられたワニは完全骨格が見つかっていて体長が約7mあった。およそ40万年前の地層に見つかったのだから40万年前の豊中に7mのワニが居た事になる。今いる最大のワニの体長は5.48mだから、マチカネワニも私の仮説を裏付ける証拠の一つになる。

つまり、酸素濃度の低下が原因でマチカネワニが滅んだと解釈するなら、40万年という時間はギリギリまで体を大きくしたワニを滅ぼすには十分な時間だという事になる。酸素濃度が低下し始めると、より体が小さい種類のワニの方が活発に動く事ができるので競争に勝つ事ができる。酸素濃度が上昇している時とは逆の競争原理が働くという考えだ。

恐竜のいた世界が競争の世界だとすると、酸素濃度30%に合わせて恐竜の細胞の大きさは限界まで大きくなっていた事が想像される。酸素濃度がピークに達したのは恐竜が絶滅する1700万年前である。1700万年間、酸素濃度が下がり続けていたのである。

私はこの1700万年の期間を短いと思っていた。短い期間に恐竜の周りの地球環境が大きく変化する事は無いだろうと思っていた。だから、恐竜絶滅の謎を解くのは難しいと感じていた。

しかし、少し酸素濃度が下がるだけでマンモスゾウの動きが鈍くなるなら、40万年でマチカネワニが滅ぶなら、恐竜にとって1700万年という期間はとても長いという事になる。恐竜が絶滅したっておかしくない。何故なら、体の大きさを変える事はとても困難な事だからである。全ての遺伝子配列を変える事などできない。恐らく、酸素濃度が上昇していた時とは逆の競争原理が働いて体が巨大化した種類の恐竜から順に絶滅へと向かっていったのだろう。

体が大きくなればオーダースーツを着る事ができなくなる。着る事ができなくなって初めて太った事に気が付く。オーダースーツは注文した時の体型に合わせて作ったのだから体型が変われば作り直さなければならない。作り直せないならゴミとして処分するしかない。

恐竜の体はその時の酸素濃度に合うように、きっちり仕立てられたオーダースーツのような物である。酸素濃度が下がり始めれば、体が大きい事は重荷になる。1700万年間、酸素濃度が下がり続ければ恐竜の体は悲鳴を上げ始める。一方、体が小さくても集団行動で身を守っている哺乳類たちに与える影響は全くない。酸素濃度ギリギリまで体を大きく改造した種類から絶滅の方向へと走り出す。

今まで誰も考えた事のない事なので仮説として扱う事にする。

仮説6　常に単独行動をしていて競争の激しい環境下で生きる生き物の世界では酸素濃度に比例して細胞を大きくした個体が優先して生き残る。そして、競争が激しい種ほど進化の速度が速くなる。逆に、酸素濃度が低下し始めると、逆の競争原理が働いて細胞を大きくした種類から順に絶滅する。

この仮説が正しいとすると、古生代に背の高い木性シダが一斉に絶滅した理由もうまく説明できる。

植物は光をたくさん受ける事ができる植物の方が有利だと言える。そう考えると、背の高い植物は背の低い植物より生き残れる確率が高い。植物の世界がより多くの光を求めて競い合う世界だとすると、競争が激しくなれば、恐竜同様、最も細胞が大きくなって巨大化した植物が勝ち残る事になる。植物にとって最強の装備とは、より成長が速く、より背が高くなって精一杯葉を広げる事ができる体だという事になる。酸素濃度が下がれば細胞が巨大化した事が重荷になって呼吸困難になる。なぜなら、巨大化した細胞は小さい細胞よりより多くの酸素が必要だからである。10倍の大きさになった細胞は堆積が1000倍になる。表面積は100倍である。100倍の表面から1000倍の容積を持つ細胞の隅々にまで酸素を届けなければならない。

単純に1000倍の酸素が必要かどうかわからないが、酸素不足になる事は間違いない。そして細胞が巨大化した植物から順に滅んでいった。これで巨大な木性シダ植物が絶滅した理由をうまく説明する事ができた。

そして、昆虫類、両生類についても同様の解釈が成り立つ。競争が激しく細胞を大きくした種類から順に滅んでいった。競争が激しくない種類は細胞を大きくしていないので酸素濃度が15%になるまで生き残った。体が大きい種類から順に絶滅している事を化石で確認できるなら私の説が正しいという事になる。

ここでまた新しい仮説が浮かんできた。

仮説7　細胞の大きさは体の大きさに比例する。

この仮説はマンモスゾウの細胞が残っているなら確認できる。マンモスゾウ、アフリカゾウ、インドゾウそれぞれの細胞を比較して体が大きい順に細胞が大きいなら、細胞の大きさが体の大きさに比例している事が確認できる。

白人と黄色人種を見比べた場合、総じて白人の方が、背が高いし体もでかい。同じ人間だから体を作る細胞の数が違っているとは思えない。すると、白人の細胞の方が大きいという事になる。

白人と黄色人種の細胞を比較して、白人の細胞のほうが少しでも大きいなら、体が大きい白人社会の方が黄色人種の社会より競争の激しい社会だった事になる。そして、黄色人種のルーツがアジアなら、毎年やって来る台風から身を守る事の方が争う事より重要になる。争う事より助け合う事の方を選んだのなら、生き残るために体を大きくする必要が無かったと解釈できる。

男性は女性より背が高く、体重も重い。しかも、身体能力全てにおいて男性の方が勝っている。この違いも、男性は競争の激しい世界で単独行動をする事が多く、女性は集団で助け合って生きる方を選んだからだと解釈できる。すると、今より酸素濃度が下がった未来には女性の方が活発に動き、男性の動きが鈍くなる。今でも既に、総じて女性の方が活発に動いているのだから、もしかしたら、酸素濃度低下の影響が出始めているのかも知れない。私と同じ年齢の男女を比較して、明らかに女性の方がエネルギッシュに活動している現状を毎日見ていると、そのような考えが浮かんでくる。

まとめると、競争の激しい社会に生きる生物は酸素濃度が高くなれば細胞が大きくなり体が巨大化してゆく。反対に酸素濃度が低下し始めると、酸素濃度の変化に合わせて巨大化した生物から滅んでゆく。後でこの考えが見事に当てはまる生き物が登場するので、この事を仮説として扱う事にする。

仮説8　体の大きさは酸素濃度に制限される。

その時の酸素濃度に見合った大きさの生物しか生きてゆけないという事だ。

恐竜が滅んだ理由について色々と仮説を立てて推論してみた。しかし、地層の研究から、恐竜が絶滅した期間がとても短かったという報告があるので、この解釈だけで恐竜が一斉に滅んだ説明にはならない。

やはり、一斉に滅んだ理由として巨大隕石の衝突説は欠かせないだろう。ユカタン半島付近にその痕跡があって地球全体の環境が激変したそうである。もしかすると、その巨大隕石の衝突が滅びに向かって突っ走っていた恐竜類に最後の強烈な一撃を食らわしたのかもしれない。短期間に恐竜類が絶滅しているのだからその可能性は高い。

もしそうだとすると、酸素濃度が下がり続けていたのだから、巨大隕石の衝突が無かったとしても、マチカネワニのように絶滅ストーリーに沿って恐竜類はいつか滅ぶべき運命であったと言える。

●恐竜が絶滅しなかった場合

巨大隕石の衝突が無く恐竜類が絶滅しなかった場合について考えてみた。

大型の木性シダが恐竜類によって食べ尽くされて滅んだ後、酸素の放出量は一気に減少する。中生代に堆積した大森林の量がいくら多くても窒素の放出が終わるまでの期間はそう長くはないと考えられる。仮にその期間が多く見積もって3000万年だとすると、木性シダが絶滅した後で3000万年間窒素の大放出が続く事になる。恐竜類が消費する酸素量はとてつもなく多いだろう。木性シダが滅んだ後だから酸素の放出量はとても少ない。

仮に恐竜類が3000万年滅びずに生き残っていたなら、その間の酸素濃度の低下速度は古生代末期以上に速かった事が想像される。なにしろ、1000倍量の酸素を消費する生き物がたくさん闊歩していたのだから、酸素の消費量は古生代末期とは比べ物にならないぐらい多かっただろう。遺伝子の書き換え速度より速い速度で酸素濃度が低下すれば、書き換えに失敗した生物から順に絶滅する。

すると、恐竜類が絶滅していなかった場合、今頃は古生代末期の大絶滅の時のように酸素濃度が15%を切って再び大絶滅が起きていたかも知れない。

古生代末期の大絶滅は植物が食べられる事が無い場合の絶滅である。それに対して中生代の絶滅は動物が居て植物を食べた場合の絶滅である。酸素濃度変化グラフの形が変わっていたのはその違いがあったからである。どちらの絶滅も地球という惑星で初めて行われた壮大な生物実験のような物である。絶滅の筋書きを途中で変更する事になったのは大隕石の衝突という予測しなかった出来事があったからである。そのお陰で絶滅までの時間稼ぎができたと考えるべきだろう。その時間的な余裕が人類という知的生命体を産む事につながったのだろう。とすると、人類は大隕石の衝突に感謝しなければならない事になる。そして、絶滅が避けられない出来事なら、宇宙に知的生命体は存在しない事になる。

何故なら、そう都合よく、丁度良いタイミングで大隕石が衝突する事などあり得ないからである。

地球のように、エネルギーを蓄える役割を備えた生物の始まりが植物なら、そして、細胞を作る為に必ず窒素を使うなら、全ての生物は絶滅を繰り返す。そして、絶滅ストーリーの後半には一気に絶滅まで突き進む事になり、人類のような知的生命体の現れる時間的な余裕はないという事になる。

何故なら1回目の大絶滅が起こった後で陸上生物は一から進化し直さなければならない。そして、酸素濃度上昇に伴って徐々に巨大化した植物と共に恐竜のような巨大化した生物が現れる。巨大化した植物が絶滅した後で酸素濃度が一気に低下し、巨大化した動物を含む多くの生き物が絶滅する。

知的生命体が現れるとしたら絶滅ストーリーの前半だけしかない。何故なら、後半になると一気に酸素濃度が低下して人類のような知的生物が現れるまでの時間的な余裕がないからである。人類のような知的生命体が現れるまでにはとてつもなく永い時間が必要だからである。地球で行われた2回の絶滅に関する壮大な生物実験の結果がその事を示している。人類のような知的生命体が現れるまでに6000万年程の時間が必要だったのである。

知識を蓄えるには書物のような形で残さなければならない。書物として蓄えるには言葉と文字、そして、書物が必要だ。書物を作るには器用な手が必要であり、不器用な大型恐竜にはできない相談だ。そして、書物のような複雑な物を作り出すには大脳のような情報処理に優れた神経組織が必要になる。やはり、恐竜には無理だろう。

強い物だけが生き残る恐竜のような競争社会では神経組織の進化は望めない。何故なら、体を巨大化する方向へと進化する事になり、神経組織の進化は必要ないからである。このように順に考えてゆくと、絶滅ストーリーの前半に人類のような知的生命体は現れないという事になる。そして、大型の動物が大量の酸素を消費し続け、膨大な量の窒素の放出が3000万年ほど続いたなら、酸素濃度は一気に低下する。絶滅ストーリーの後半にも人類の様な知的生命体が現れる時間的な余裕はないという事になる。

すると、人類のような知的生命体は宇宙のどこを探しても居ないという事になる。仮に居たとしても人類のような馬鹿な事を繰り返す知的生命体ならば、あっという間にその姿を消す事になる。数千万年、数億年という永いスケールで人類の事を考えた場合、1万年後に人類が居るとは思えない。現れてから200万年ほどで姿を消すのが知的生命体の宿命なら、宇宙のどこを探しても知的生命体はいないという事になる。数千万年、数億年という気の遠くなるような永いスケールで生命について考えてゆくとこうなる。

宇宙の中で人類は孤独な存在なのである。せめて、地球という船に乗り合わせた大切な仲間として他の動物に優しく接してはどうだろうか。とんでもなく永い年月を経て生き残った仲間達なのである。今までに森林と共に姿を消していった多くの生き物の中で辛うじて生き残った数少ない生き物達なのである。森林と共に多くの生き物を滅ぼしたのは人類なのである。争う事ばかり考えずに、人類の置かれた立場についてじっくりと考え直した方が良い、と私は思う。

今までに誰も考えた事のない、私の頭の中だけで作り出した絶滅ストーリーである。

4章　今の状況について

今の地球環境がどのような状態なのかを考えてみた。

酸素濃度変化グラフを見ると新生代に入って酸素濃度は急に低下している。そして徐々に低下速度は鈍化している。中生代の石炭から一斉に放出された窒素が酸素濃度を急に低下させたのだろう。そして、3000万年の間に中生代の石炭からの窒素放出は止まったのだろう。だから、酸素濃度の低下速度が鈍化したのだろう。しかし、新生代第三紀の地層には石炭が見つかっている。地下深くに眠っている未発見の石炭量の方が多いと考えると、窒素の放出は続いていると考えた方が良いだろう。

今地球は絶滅ストーリーの後半に入っている。酸素濃度30%から15%に下がる途中の20%まで酸素濃度が低下している。すると、絶滅ストーリー後半の3分の2が終わった事になる。新生代の期間が仮に6300万年だとして、同じ割合で酸素濃度が低下し続ければ3150万年後に生物の大絶滅が起きる計算だ。人類が酸素濃度18%で滅びるなら、今の酸素濃度が21%だから人類が滅ぶまでの時間は945万年である。それだけ時間の余裕があるなら酸素濃度の低下に合わせて体のつくりを変えればよい。しかし、それが間に合わないなら人類は滅ぶしかない。

今人類はとんでもない勢いで酸素を消費し続けている。窒素の放出は今も変わらずに続いているだろう。仮に窒素放出量がとんでもなく多いなら、酸素の消費量次第で人類絶滅までの時間は短くなる。

すると、気になるのは現在の窒素放出量と酸素放出量だという事になる。まず新生代に入って窒素がどれ位の量放出されたのかを確認してみたいと思う。

新生代の窒素放出量

P69で行った計算方法で、現在までの窒素量と酸素量の変化を調べてみた。

1. 古生代の酸素濃度ピーク時の酸素量と窒素量は35と65で酸素濃度35%
2. 古生代末期の酸素量と窒素量は20と116で酸素濃度15%

ここまでは既に説明した。酸素量が減少した事にしなければ窒素放出量がとんでもない量になったからである。

3. 古生代末期の酸素量と窒素量を20と116とし、ジュラ紀初めまでの酸素増加量と窒素増加量をそれぞれX、0、酸素濃度を0.25として方程式を立てた。この期間の窒素放出がとても少ないと考えて窒素放出量を0とした。

   $(20 + X) \div (136 + X) = 0.25$

   解くと $X = 19$ になった。

4. ジュラ紀初めの酸素量と窒素量を39、116とし、中生代酸素濃度ピーク時までの酸素増加量と窒素増加量をそれぞれX、Yとし方程式を立てた。

   $(39 + X) \div (155 + X + Y) = 0.3$

   解くと $7X - 3Y = 75$ の関係式になった。

   窒素放出があったのだから、$Y > 0$ でなければならない。

   すると、$X > 75 \div 7$

   $X = 30$、$Y = 45$　が妥当な値だとした。

5. 中生代酸素濃度ピーク時の酸素量と窒素量を69、161とし、現在の酸素増加量と窒素増加量をそれぞれX、Yとし方程式を立てた。

   $(69 + X) \div (161 + X + Y) = 0.2$

   解くと $Y = 4X + 184$ の関係式になった。

木性シダと恐竜類が絶滅した後なので、酸素増加量を10とすると窒素増加量は224である。

私の計算では古生代後半の窒素放出量51に対して中生代後半の窒素放出量は224。そのまま解釈すると、中生代の石炭から放出される窒素量は古生代の4.5倍になる。放出される窒素量は石炭量に比例すると考えると、中生代の石炭量は古生代の4.5倍だという計算結果になった。これぐらいの石炭量なら納得できる。

私は学者でもなければ研究者でもない。だから、言うまでの事も無いと思うが、この計算結果は信頼できるものでも正確な物でもない。条件を変えると、変えた条件次第で窒素放出量がとんでもない計算結果になる。そうならなかった一つの例を示したに過ぎない。

中学生でもできる簡単な方程式を解いたに過ぎない。だから、計算の元になる条件を変えればいくらでも結果が変わる事を承知して頂きたい。

計算の始まりは、古生代の酸素濃度が35%だから酸素量を35、窒素量を65としたところからである。古生代の酸素濃度ピーク時から古生代末期までの窒素増加量は116−65で51。既に述べているが、古生代末期の窒素増加量は条件次第で51から331まで大きく変わった。石炭から放出される量が予測していた量よりはるかに多くなったので、酸素量が35から20に減少した事にして計算方法を変え、窒素増加量を無理やり51にしたのである。納得できる値を選んだのである。学者と呼ばれる人達は絶対にこんな事はしない。

これらの計算は酸素濃度変化グラフを元にした計算で、酸素量と窒素量の増加分を変える事で結果が変わってくる。誰でも簡単に計算できるので暇な人は想像を加えてやってみたらどうだろうか。

全体の変化を見ると、酸素量はあまり変わっていないが窒素量がどんどん増加している。一旦放出された窒素がたまり続ける理由は分かる。しかし、酸素量が増えない事について、その理由が良く分からなかった。

（元々、酸素は増え続ける気体だと私は思っていたのだから、この事を不思議な事だと思っていた。この謎も私なりの解釈方法で、後ですっきりと解いている）

中生代石炭から放出される窒素量はかなり減ったと私は考えているが、新生代三畳紀の地層から石炭が出土している。新生代に蓄積した石炭量も無視できない。今もかなりの量の窒素が放出され続けていると考えて、その影響力を軽く見るべきではない。窒素の放出による影響力とは酸素濃度を下げる事である。今は絶滅ストーリーの後半である。

地下に眠っている石炭量が膨大な量であったとしても掘り出す事ができないのなら今の生活に大きな影響を与える事はない。しかし、予測が間違っていて窒素増加量が膨大な量なら、酸素濃度低下に影響を与える。

そして、酸素濃度低下に影響を与える要素がもう一つある。それは酸素量の減少である。

森林の減少

酸素量の減少は人類が消費する酸素量が植物の生産量を上

回った時から始まる。植物の酸素生産量は森林の量で決まる。では、現在の森林の量はどれ位だろうか。

今、人類はとんでもない勢いで木を伐採し森林を減らし続けている。その減少量は恐竜類の影響をはるかに超えていると言って良いだろう。すると、森林から放出される酸素量は減少し続けていると言って良いだろう。本来地球は植物だらけの星だったはずなのだが、人類の登場でその姿を変えつつある。人類が現れて作物を栽培し始めてから後、地球の姿がどのように変わってきたかについて過去に遡って考えてみたい。

森林は多種多様の生物が生きていく為にどうしても必要な場所なのだが、人類は森林を木材、燃料、狩りをする場所としてしか見てこなかった。

人が未開の地を見つけた時、まず行ったのは森林の伐採である。次に農地の開墾である。江戸時代に幕府は北海道に松前藩を置いた。アイヌの人達と交易する為だ。明治に入って北海道に屯田兵を多く派遣した。屯田兵とは北海道の警備と開拓を任務としている兵の事だ。

木を切り倒して木材を得る。木材は家屋の材料となり燃料となって消費される。森に居る動物たちは食料として狩られる。畑を耕し作物を栽培する。栽培された作物は屯田兵たちの食物となる。

人類が発展するという事は森に棲む、昆虫、爬虫類、哺乳類を駆除して快適な環境にする事であった。そして、森林を豊かな土地に変える事であった。

豊かな土地とは有機物を多く含む土壌が深くまで堆積している土地の事である。土壌とは、森林が永い年月をかけて蓄えた有機物を含む土の事である。森林を伐採して石と根を除去すると豊かな土地が手に入る。

同じ場所で作物を作り続け収穫し続けると土地がやせていく。土壌に含まれている有機物を作物として消費するからである。大雨が降れば土壌の流出が起きて土地はさらに痩せていく。すると、人類はその土地を捨て、新たに開墾して森林を農地に変える。そして森林はどんどん減少して草地に変わっていった。

人類の文明が発達した地域では数千年間このような事が繰り返されて広大な土地から森林が消えていった。雨の少ない土地では砂漠化が始まり、二度と植物が生えない土地に変わっていった、と私は考えている。

例えばインダス文明とメソポタミア文明が栄えた土地はそれぞれインダス川、チグリス川、ユーフラテス川が運んできた肥沃な土壌が多くの人の生活を支えてきた。しかし、現在草も生えない砂漠地帯に変わっている。遺跡が発掘されてそこに文明があった事が分かったのは19世紀に入ってからである。文明があった事さえ忘れ去られて砂漠のまま3〜4千年間放置されていたのである。

多くの人の生活を支えた作物は小麦である。小麦を栽培する事で人口が増え、多くの人々が定住する事で文化が栄えて行った。多くの人が争わずに暮らすための法典（ハムラビ法典）まで作られた。では、小麦はいつから栽培されていたのだろうか。調べてみた。ウィキペディアには次のように記されている。

『ユーラシア大陸中部のコーカサス地方からメソポタミア地方にかけてが原産地と考えられている。野生1粒系コムギの栽培は紀元前8400年頃に始まった。』「コムギ」（2023年3月17日（金）12：24 UTCの版）『ウィキペディア日本語版』

この記述が正しいとすると、メソポタミア地方では紀元前8400年頃から小麦が栽培され始め、文明が滅びるまで小麦が栽培され続けた事になる。多くの人の命を支えた小麦が栽培できない土地に変わってしまった。だから文明が滅んだのである。

例えば、インダス文明は紀元前2800年前から紀元前1800年前にインダス川流域に広がった文明である。その遺跡が見つかった後の調査から、当時の人々が小麦を栽培していた事が分かっている。住居の材料は日干し煉瓦だった。最大人口は4万人程だったとの記述がある。そして、7000年前の旧石器も見つかっているらしい。

ネットで調べると、何故その文明が滅んだのかについて諸説あり決定打が無いそうである。歴史学者はこんな分かり易い話が何故理解できないのだろうか。小麦を栽培していたなら、そこには肥沃な土壌があったという事になる。肥沃な土壌があるなら、そこには大森林が広がっていた事になる。住居の材料が全て日干し煉瓦なら、日干し煉瓦の住居が作られた時には既に周囲の森林を全て伐採し終えていた事になる。

ここで、小学生でも思い浮かぶ問いかけを歴史学者達にして見よう。

「彼らは4万人分のパンを焼く為の薪をどのようにして手に入れていたのでしょうか？」

歴史学者たちはどのような答えを出してくるだろうか。

小麦で作られたパンを焼くには燃料として木材が使われる。

生きてゆく為に毎日パンを食べるなら、毎日木材を燃やしていた事になる。毎日4万人分のパンが必要なら、毎日燃料としての木を4万人分切り倒さなければならない。そんな生活が数千年続いたとして、どれ位の木を伐採して燃やしたのだろうか。

森林が切り倒されて燃料として使われ、住居の材料が無くなったからやむを得ず日干し煉瓦で住居を作ったのである。

遺跡にはその日干し煉瓦で作った住居跡しか残っていないのだから、人類が数千年の間にどれほどの森林を伐採したかを歴史学者たちは想像する事ができない。そして、肥沃な土壌が全て食料として消費された事に想像が及ばない。人類が7000年かけて行ってきた行為について想像できないと言って良い。

文明を支えるのが肥沃な土壌だという事が理解できるなら、その文明が滅んだ理由もおのずと分かる。人間が表土にある肥沃な土壌を全て食料に変えて消費してしまったからである。増えすぎた人口を支えるだけの土壌が無くなったのであれば、その土地を捨てて移動しなければならない。捨てられた土地は砂漠化して二度と草の生えない土地になる。そして、ガンジス川流域に移動して森林を伐採し始めた。移動した後で先住民族との争いが始まり、その争いに負けたのであれば、その時点でインダス文明に関する記憶が全て消去される。

エジプト文明についても同様の事が言える。草も生えない砂漠化した土地で文明が起こるわけがない。ナイル川流域には元々豊かな森林に覆い尽くされた緑あふれる土地があった。だから文明が起きたと解釈するべきだろう。

学生時代に、ウェーゲナーが提唱した大陸移動説に関する書籍を読んだ事を思い出した。その本の中には南アメリカ大陸とアフリカ大陸がくっついて一つの大陸として図示されていた。化石の分布から、現在多くの学者が認めているのが次の白亜紀当時の地図である。

約2億年前に起きた大陸移動

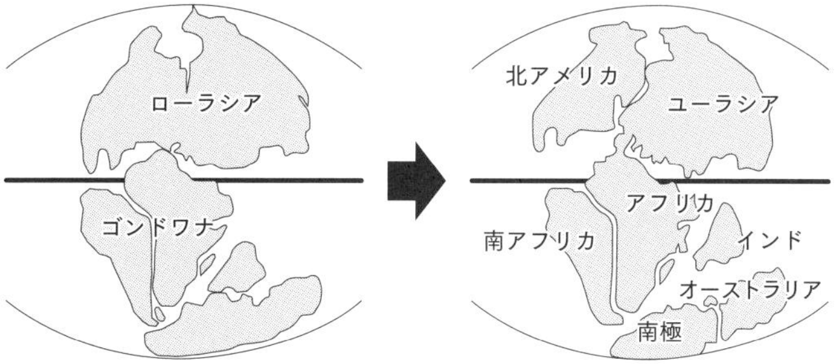

出典：デジタル大辞泉(小学館)を元に作成

図6　大陸移動説

ナイル川流域は現在のアマゾン川流域のように赤道直下に位置している。白亜紀当時アフリカ北部には現在のアマゾン川流域のように流域面積の広い川があったと考えて良いだろう。そしてそこには、どこまでも広がる大森林があったと考えるべきだろう。この図が正しいとすると、大陸の形は現在と大きく変わっていない。すると、大森林があった場所には現在でもその痕跡が残っているはずである。痕跡とは何か。腐葉土である。腐葉土とは大量の落ち葉が分解されてできた有機物を含む土の事である。腐葉土とは大森林が無くなったとしても必ず後に残る置き土産の事である。現在アフリカ北部の地域は乾燥化が進み砂漠化した土地が広がっているが、砂の下に土の層があるはずである。その土を調べて有機窒素を含む有機物があるなら、そこには森林があったという事になる。その土に胞子、花粉がたくさん見つかれば、そこが森林であった事の立派な証拠になる。もしかすると、歴史学者たちはそれらの肥沃な土壌が全て上流から運ばれてきたものだと考えているのかも知れない。そこで、そうではないという事を検証したい。

『紀元前2613年にはスネフェルが即位し、エジプト第4王朝が始まる。この第4王朝期には経済が成長し、またピラミッドの建設が最盛期を迎えた。スネフェル王は紀元前2600年頃にヌビア、リビア、シナイに遠征隊を派遣して勢力範囲を広げる一方、まず屈折ピラミッドを、さらに世界初の真正ピラミッドである赤いピラミッドを建設した。スネフェルの次の王であるクフの時代に、ピラミッド建設は頂点を迎え、世界最大のピラミッドであるギザの大ピラミッドが建設された。』「古代エジプト」(2023年5月24日(水)04：17 09：40 UTCの版)『ウィキペディア日本語版』

ギザの大ピラミッド建設はエジプト文明が最も栄えた頃の国家プロジェクトである。国力が最大であった頃に成し遂げられた偉業だと考えて良いだろう。経済力と労働人口に余裕が無ければ成し遂げる事はできない。

例えば、巨大なピラミッドを作る為にどれ位の人が関わっていただろうか。石切り場で大きな石を切り出さなくてはならない。それらの石を立方体に加工しなければならない。それらの石を現場まで運ばなければならない。石切り場が遠く離れた場所なら石を運ぶための船が必要だったかもしれない。そして、それらの石を積み上げなければならない。全ての作業を主に人力だけで行わなければならない。

仮に1万人の人間が10年かけてそれらの作業を行ったとすると、労働人口は延べ3650万人必要だという事になる。すると、3650万人分の食料をピラミッド建設の為に事前に計画して確保しておかなければならない。作業場の近くに彼らの食料を作る為の広い農地がなければならない。調理する為の燃料を毎日用意しなければならない。燃料として毎日木を伐り出さなければならない。すると、一つのピラミッドを作るには計画段階で既に広い農地と森林が確保されていなければならないという事になる。ピラミッドを世界七不思議の一つとして数えたのは、当時の人がどのようにしてピラミッドが作られたのかが全く想像できなかったからである。

エジプトにはかつて広い農地と森林があったのである。現在の景色から想像できないほどの緑豊かな大地が広がっていたのである。その緑豊かな大地がエジプト文明を育んだのである。

このような考え方は今までに無かったと私は思っている。例えばエジプト王朝の頃の想像図があったとして、その図の中に緑豊かな大地は描かれていない。その時代の物語を映画化する時にも同様である。撮影をする場所として砂漠地帯を選んでいるのだから、その映画を見た人は大昔からエジプトは砂漠だったと錯覚する事になる。時代考証をするスタッフの頭の中には緑豊かな森林とどこまでも広がる農地が無かった。

実際、王墓の中の壁画にヤシの絵が描かれているのだから、ピラミッドが作られた当時の気候が湿潤な気候でなかったと、大勢の学者たちが考えたとしても無理はない。

しかし、生物にとって窒素が欠かせない元素だという考え方を推し進めると、エジプトにはかつて緑豊かな大地があったという事になる。

随分飛躍した考えだと思う人が多いと思うので、もう一度詳しく説明する。

全ての生き物は細胞からできている。細胞は主にタンパク質からできている。タンパク質はアミノ酸からできている。全てのアミノ酸には必ず窒素が含まれて居る。全ての生き物にとって窒素は欠かせない元素なのである。成長する為にも、古くなった細胞を新しく作り直す際にも窒素は欠かせない。

全ての生き物は毎日窒素を体内に取り入れなければ生きていけない。植物であれ、動物であれ窒素が無ければ生きていけない。そして、窒素は植物が窒素化合物として根から吸収して植物体内に同化される。窒素はそれ以外の方法では生物が利用できない安定した元素なのである。

この植物体内に同化された窒素化合物を有機窒素と呼ぶとする。葉には有機窒素がある。葉が枯れて木の根元に落ちてたまり続け菌類によって分解されたとしても有機窒素は木の根元に残る。木が大きく育って樹齢数千年の大木になったとして、そこが平らな場所なら植物によって同化された数千年分の有機窒素が木の根元に残る事になる。木が切り倒されて無くなったとしても、木があった場所には大量の有機窒素が残る。その有機窒素がたっぷり含まれた土の事を肥沃な土壌と呼んでいる。その肥沃な土壌にたっぷりと含まれて居る有機窒素がたくさんの人達の生命を支えていたのである。そして、燃料としての木が大量にあったからパンを焼く事ができたのである。

地下深くまで堆積した土壌があったとして、作物を植えて収穫し続ければ表土の有機窒素は減少し続ける。森林が無くなれば森林が持つ保水力は失われ土地の乾燥化が進む。表土に含まれる有機窒素と燃料としての木材を消費し尽くしたのであれば、人類はその場所で生きていけない。土地の乾燥化が進んで砂だけが残れば、人類が生活していた痕跡は全て砂で覆い尽くされ不毛の土地になる。

砂だけが広がる砂漠化した土地には有機窒素が含まれて居ない。現在、エジプトの大地の表面には有機窒素がほとんど無いと言って良い。地下深くに土壌があったとしても、砂に覆われていて使えないのであれば植物が育たない土地だと言って良い。

大昔に人がたくさん暮らしていたなら、そこには有機窒素が豊富にあったという事である。数千年あるいは数万年の間多くの人間が暮らして行けるだけの、有機窒素がたくさん含まれた肥沃な土壌が有ったと言う事である。その肥沃な土壌に含まれて居る有機窒素の内、利用できる表土を人類が数千年あるいは数万年かけて消費したのである。増えすぎた人口が有機窒素を体内で吸収できる作物に変換して全て食べてしまったのである。だからエジプト文明が滅んだのである。

エジプト文明の盛衰は農耕文化の盛衰である。肥沃な土壌に含まれて居る“植物によって同化された有機窒素”が限りある資源だという事を知らずに人類が行った壮大な社会実験のようなものである。過去に植物によって同化された有機窒素を含む有機物を全て使い果たすまで続けられた壮大な社会実験の結果が現在全て砂に覆い尽くされているのである。

エジプト文明が滅んだ理由について、一般的にどのように考えているのか知りたいと思ってネットで検索して見た。BS朝日

地球大紀行2020年6月28日（日）夜9：00〜10：54放送では、

『3000年もの長きにわたり続いた古代エジプト王朝。絶大な権力をもった王・ファラオたちは、繰り返される争いや干ばつ、飢饉、疫病に苦しみながらも、絶えず巨大国家の繁栄を維持してきました。しかし、紀元前30年、華々しいクレオパトラ7世の統治時代に、古代エジプト王朝は滅亡し、二度と復活することはありませんでした。一体なぜ、滅びてしまったのでしょうか？』出典：BS朝日『地球大紀行』#57「エジプト大発掘クレオパトラ古代エジプト王朝滅亡の謎」引用

滅びたのが紀元前30年だという事まで分かっているのに、なぜ滅んだのかが分からないらしい。干ばつ、飢饉、疫病という言葉まで出ているのだが、何故、干ばつ、飢饉が起きたのか、歴史学者たちはその理由を想像する事ができない。さらに次のような記述があった。

『何世紀もの間、エジプト王朝の滅亡は、クレオパトラと、ローマの支配者であったカエサルとマルクス・アントニウスの2人との関係によって起こったと唱えられてきました。しかし、現代の専門家たちによると、滅亡にはもう一つ、古代エジプト人の生活を支えていたナイル川の存在が大きく関わっているといいます。』出典：BS朝日『地球大紀行』#57「エジプト大発掘クレオパトラ古代エジプト王朝滅亡の謎」引用

惜しい所まで推理しているようだが、肝心なところが分かっ

ていない。有機窒素を含む有機物を食料に変えて食べ尽くしたから飢饉になったのである。保水力のある森林を全て伐採してしまったから土地の乾燥化が始まり、気候まで大きく変わって干ばつが起きたのである。同じ場所で数千年、あるいは数万年かけて、人類が緑豊かな大地を全て役立たずの土地に変えてしまったのである。

エジプト文明が最も栄えた時に最大のピラミッドを作ったとして、その当時の人口はどれ位だろうか。100万人だろうか。200万人だろうか。その人達の食べるパンの量は？　パンを焼く為の燃料は？　肉の量は？　野菜の量は？　果物の量は？

歴史学者たちは今現在エジプトに広がっている砂漠の景色からしか当時の様子を想像する事ができない。これを想像力欠乏症と呼ぶ事にした。何故なら、素人でも想像できる事が学者と呼ばれる人たちには想像できないでいるからである。過去の文明が何故滅んだのか、その理由が歴史学者たちによって正しく認識されていないのであればこれを正す必要がある。

エジプトについてウィキペディアで調べてみた。

『現在では広大な砂漠地帯となっているナイル川西方の地域は、12,000年前頃から紀元前7千年紀頃まで、第4湿潤期と呼ばれる湿潤な時代に入った。湿潤と言っても年間降水量は200mm前後であったとみられるが、スーダン北部からエジプト南部の地域においては植物が繁茂し、ノウサギ、ガゼル、オリックス等が生息していた。この時期は考古学的には「終末期旧石器時代（Terminal Palaeolithic）」または「続旧石器時代（Epipalaolithic）」に分類［3］され、現在砂漠となっている地域にも人類の居住が確認されている。』「エジプト先王朝時代」（2023年4月25日（火）09：40 UTCの版）『ウィキペディア日本語版』

ガゼル、オリックス共にシカの仲間であって集団生活をしている。主に草を食べていたのだから、草原があった。ノウサギも草を食べるがシカに比べて足が遅いので肉食動物に襲われない為の隠れ場所が必要な生き物である。ノウサギが居た場所には身を隠す事ができる木が生えていなければならない。すると、草原の周りに森があったという事になる。

この事にも説明が必要かもしれない。例えば、鳥によって運ばれた松の種が岩肌の割れ目に落ちる。雨の到来で発芽した若芽は長い年月を経て大きく育つ。木の根元には枯れ葉がたまる。大きく育った木はたくさんの種を飛ばす。たくさんの木が育てば森になる。

森には腐葉土がある。腐葉土には水を蓄える働きがある。木そのものにも水を蓄える働きがある。木が密集して生えて森林を形成している場合、その森林の保水力は大きくなる。年間降水量が少ない場所でもそのようにして森林内部に水が蓄えられる。砂漠地帯に生えるサボテンなどの多肉植物が葉や茎の中に水を蓄えるのと同じように、長い年月の間に森林内部に水が蓄えられる。そして、雨が少ない時期でも植物は成長し続ける。森林が大きくなると、森林から蒸発する水分量が多くなり雲が発生する。そして雨となって降って来る。

大抵の場合、雨は水蒸気を多く含んだ空気が山を越える時に雲を生じて降って来る。平地が広がっている場所で雲はできないと考えられているが、そうではない。森林面積がアマゾン流域のように大きくなれば、そして、絶えず大量の水を供給する大きい川があるなら、その地域全体が常に大量の水分を蓄えている。森林自体が大量の水蒸気で覆われる。低気圧が通過すれば上昇気流が発生する。すると、雲ができて雨が降る。山岳地帯でなくても森林があれば絶えず雨が降る環境へと変わってゆく。森林はそのようにして成長してゆくのである。そのよい例がアマゾン川流域として現在でも残っている。

そのように考えると、アフリカ北部全体がかつて森林に覆われていたとしてもなんら不思議ではない。むしろ、太古の昔からずっと乾燥地帯だったと考える方が不自然である。植物の育たない砂漠が広がっている事の方が不思議なのである。

砂漠は砂粒の集合体である。砂粒はガラスと同じ成分の石英という鉱物の結晶その物である。

マグマが冷えて固まり火成岩になる。火成岩には色んな鉱物が含まれて居るが石英という小さい結晶が必ず含まれて居る。石英は岩石を作っている鉱物の中で最も風化を受けにくい鉱物で、まさにガラスの粒である。石英以外の鉱物は風化を受けてより小さくなる。土はそれら風化を受けた鉱物の集合体である。その鉱物の集合体の中で石英はほとんど風化を受けないので砂粒として残る。

砂漠が広がっているという事は辺り一面に土があったという事である。砂を掘り返して土の層が出てくればその事が確認できる。そして、土に小麦の花粉があればそこは小麦畑の広がる農地だった事は明らかである。小麦の花粉は恐竜の化石のように、そこで小麦が栽培されていた事を証明する物的証拠なのである。

年間降水量が200㎜前後であったと考えられている、という記述があったが、森林があったなら、そこが平らな土地であったとしても長い年月の間に年間降水量は増えていくのである。森林は徐々に生育範囲を広げて成長するのである。逆に森林が無くなれば年間降水量まで少なくなって乾燥した土地へと変貌してゆくのである。

森林が大きくなると、その土地の気候まで変えてしまうと私は考えている。逆に森林が伐採されて無くなってしまうと保水力が無くなり土地の乾燥化が一気に進む事になる。ましてや、ナイル川というとても大きい川が流れている場所に森林が無かったとは考えられない。しかし、ウィキペディアには古代エジプトについて次のような記述がある。

『エジプトには森林が存在しないため木材を産出せず、建築材料には利用されなかったが、ツタンカーメン時代には国力を背景に交易で各地の木材を入手し、寄せ木や曲げ木などの高度な技法を用いたチャリオットを製作している。』『建築材料としては日干しレンガが主流であり、石材も多用された。』『とくに造船に必須である木材は国内で全く産出せず、良材であるレバノン杉を産するフェニキアのビブロスなどからに輸入に頼っていた。』「古代エジプト」（2023年5月24日（水）04：17 09：40 UTCの版）『ウィキペディア日本語版』

歴史学者は現在のエジプトの景色からしか想像できない。どの遺跡からも木材が出土しないのだから、歴史学者たちはエジプトには森林が無かったと思っている。エジプト国内で木材が産出しないのであれば、どのようにしてパンを焼いていたのだろうか。古代エジプトの初めの頃からかぞえて数千年あるいは数万年もの長い期間、パンを焼く為の大量の木材までずっと国外から輸入していたと彼らは考えているのだろうか。

そして、農耕については次のように記されていた。

『かつての発掘調査ではナイル川流域の農耕、牧畜は紀元前6千年紀後半に突如として始まるような印象が持たれていた［7］。その後、20世紀後半の調査によりナイル川西方の砂漠地帯にこれを説明する遺跡が多数発見され、ナイル川流域の農耕・牧畜文化は、現在では砂漠化している西部砂漠地方に起源を持つ可能性が議論されている。しかし、西部砂漠地方とナイル川流域の関係は今だ明瞭には理解されていない。』「エジプト先王朝時代」（2023年4月25日（火）09：40 UTCの版）『ウィキペディア日本語版』

歴史学者達は遺跡が発掘されるまで、そこに人が住んでいた事を認めようとしない。もちろん農耕についても認めようとしない。では、砂漠化して砂に覆われてしまった全ての土地には耕作地がなかった事になる。ピラミッドとか神殿周辺にも耕作地が無く、人が住んでいなかった事になる。砂を全て掘り返して住居跡が確認されるまで、そこに人が住んでいた事を証明する事ができない、と歴史学者が考えている事になる。

しかし、実証できない事を全て無かった事だと決めつけて良いはずがない。歴史として刻まれているのは100万年にも及ぶ人類の歴史の中のほんの1ページにしか過ぎない事に思いを巡らせるべきである。記録されていない残りのページは想像力を働かせて、そこに森林があった事を実証できる方法を探すべきである。

遺跡発掘現場の映像では掘り返した砂の下には土があった。その土に有機窒素を含む有機物があるなら、そして、その土に小麦の花粉が含まれて居るなら、小麦を栽培する耕作地があったという事になる。小麦の花粉は小麦が栽培されていた事の証拠になるのである。さらに下の土まで調べてスギの花粉がたくさん出てくれば、周囲にスギが生えていた事が証明される。植物は永い年月の間に保水力まで保持するようになって大きな集団を形成する。それが森林なのである。

花粉分析という方法が既に確立されている。その方法で土に含まれている花粉を調べれば、どのような植物が生えていたかが分かるはずである。種名まで分からなくても木の花粉である事が分かれば、そして、至る所で木の花粉が見つかるなら、そこに大森林があったという事になる。そして、それらの場所が現在砂漠になっているのであれば緑豊かな大地を砂漠に変えたのは人類だという事になる。森林と利用可能な有機窒素を全て消費し尽くして人が住めない土地になったからエジプト文明が滅んだのである。

何度も繰り返すが、多くの人が住んでいたなら、そこには利用可能な有機窒素を含む有機物がたくさんあった。有機窒素を多く含む土の始まりは腐葉土である。腐葉土とは枯れ葉が菌類によって分解されたものである。腐葉土こそが多くの人間を支える為の窒素供給源なのである。腐葉土がたくさんあるという事は、そこに森林があったという事である。数千年間そこで多くの人が暮らしていたなら、そこには見渡す限り広がる大森林があったという事になる。そして、作物を調理する為に毎日たくさんの木を伐採して燃料として燃やしていたのである。

ナイル川によって運ばれた肥沃な土壌がエジプト文明を支えたと教科書に記載されているが、元々肥沃な土壌は森林が作り出したものである。深く堆積した土壌が平らな土地全体に広がっているなら、ナイル川流域全体に大森林が広がっていたはずである。土壌は森林の置き土産なのである。そこに住み始めた人類が数千年、あるいは数万年かけて森林を伐採し尽くし、砂漠に変えてしまったと私は考えている。その始まりが仮に10万年前に火を使い始めた数少ない人類だったとしても、植物が数百万年、あるいは数千万年かけて作り出した緑あふれる広大な大森林を人類がわずか10万年で全ての土地を砂漠に変えたのである。

人類がいつごろから火を使いだしたのかを調べてみた。ウィキペディアによると、アフリカで100万年以上前の物と見られる痕跡が数か所あるらしい。確実な痕跡として挙げられていた例を抜粋する。

『イスラエルのベノット・ヤーコヴ橋の河岸にあるゲシャー遺跡では、ホモ・エレクトスかホモ・エルガステルが79万から69万年前に火を使っていた証拠がある。焼けたオリーブ、大麦、ブドウの種や、木、火打石が残されており、火を使った確実な証拠としては、これが世界最古のものと見られている』「初期のヒト属による火の利用」(2022年12月29日（木）15：55 UTCの版)『ウィキペディア日本語版』

人類の始まりはアフリカだと言われている。200万年以上前にアフリカに居た人類が石器を道具として使い始め、火を使い始めた。そして移動して生息範囲を広げていったと考えると、イスラエルより手前に位置するナイル川流域全体が移動経路の通過点に当たる。ナイル川流域を通り越してイスラエルで生活し始めたとは思えない。すると、ナイル川流域にはイスラエルよりも古い時代に人類が生活していた事になる。少なく見積もって70万年前からナイル川流域に人類が居て火を使っていたとしたら、そして、オリーブ、大麦、ブドウ等を食べていたとしたら、70万年間木を燃料として使っていた事になる。

人類が火の扱いに失敗すれば森林火災が起きる。焼失した森林の後には土壌が残る。森林が無くなって明るくなった場所には草が生える。食べられる草と草の種は人類にとって食料になる。種を保存して栽培し始めれば草地は耕作地に変わっていく。人口が増えれば協同して耕作地を増やしていく事になる。

人類が火を使いだしてから後の数十万年の間には、恐らく、火の不始末による森林火災は何度も起きたと考えるべきだろう。もしかすると、火を使い始めた人類の登場でナイル川流域の大森林が焼失した可能性さえ出てきた。そして、大木を切り倒す事が困難な時代には耕作地を増やすために意図して森林を燃やしたかもしれない。実際、焼き畑農法という手法が最近まで残っていたのだから、その可能性は高い。

とにかく、70万年かけてナイル川の下流域にあった全ての森林を農地に変え、作物を作り続ければ人口は当然増える事になる。文字を作り、紙を作って記録した。知識を集積して文明も大いに発展しただろう。その結果がピラミッドとその中に残された数々の美術工芸品なのである。掘り出すのも困難なはずの金で作った黄金のマスクなのである。

少ない人間だけでこれだけの偉業を成し遂げる事はできない。恐らく人口は100万人を超えていただろう。広い農地と燃料としての森林が無ければ100万人の暮らしを支えていけない。利用できる肥沃な土壌と森林を使い果たしたから全ての土地は草も生えない砂漠になった。だからエジプト文明は滅んだのである。歴史学者達はその事に気付かなければならない。

現在ナイル川流域全体が砂漠化して草も生えない土地に変わってしまって居る。何故か。利用可能な有機窒素を含む肥沃な土壌を全て消費し尽くしたからである。豊かな森林に棲んでいた多くの動物たちを食料として狩り尽くしたからである。

緑豊かな土地を砂漠地帯に変えたのが人類である事を想像できるなら、さらに想像を膨らませるとサハラ砂漠だって人類の仕業かもしれないという事になる。植物は乾燥した地域でもその環境に合わせて進化しサボテンなどの多肉植物が現れている。永い年月をかけて乾燥した地域に適応して生きてきた多くの多肉植物も人類にかかれば、あっという間に食べ尽くされた事だろう。

インドの人口は現在増え続けている。その人口を支えるのは肥沃な土壌である。肥沃な土壌の存在はそこに大森林があった事を示している。現在インドではその肥沃な土壌を食料に変えて消費している最中である。農業の機械化によって作物の生産性は向上している。作物の増産は人口の増加を支えている。人口増加を支える為に土壌を作物に変える作業を加速している。土壌が限りある資源ならいつか無くなる。無くなればやせた土地だけが残って辺り一帯が砂漠化する。後には文明の痕跡だけを残して廃墟だけが残る。

黄河文明、インダス文明、メソポタミア文明、その他多くの文明を育てたのは大河と呼ばれるほど大きい川とその流域に広がる肥沃な土壌である。その多くの文明の内の幾つかの場所は現在草も生えない場所に変わっている。しかし、中国では今でも肥沃な土壌が10億人以上の人口を支え続けている。何故だろうか。

肥料を与えないでも作物を作る事ができる農地が広がっているからである。その農地にはかなりの深さまで厚く堆積した肥沃な土壌の層があるからである。掘り返せば何度でも使える肥沃な土壌が出てくるからである。ついでに言うと、土を掘り返して下にある有機窒素を取り出す作業の事を、土を耕すと言うのである。

肥沃な土壌の元をたどれば腐葉土である。腐葉土とは字が示す通り菌類によって分解された葉がそのまま木の根元に蓄積した物である。葉を作る為に必要な窒素、リン酸、カリウム、そして微量元素まで全て含まれた完璧な土が中国内陸部に広がっている。

その肥沃な土壌が全て森林によって作り出された事を理解できるなら、10億人以上の食を確保している中国には、かつてアマゾン川流域の熱帯雨林に相当する広大な大森林が広がっていた事を想像する事は実に簡単な事である。そして、それらの大森林を人類が全て伐採し尽くして農地に変えた事を想像する事も同様に簡単な事である。

中国は中生代に堆積した石炭が多く存在している。恐竜化石も多く見つかっている。人類が現れるはるか前に、アマゾン川流域の熱帯雨林に相当する大森林が中国全体に広がっていたなら、中国の内陸部全体がその重みでゆっくりと沈み込んだだろう。中生代の頃からその沈み込みが始まっていたなら、恐竜の遺骸がその地層に挟まれていても不思議ではない。そして、中国内陸部全体の地下深い場所に大量の石炭が眠っていたとしても不思議ではない。

中国内陸部全体に広がる大森林を全て伐採し尽くせば、土地の沈み込みは止まる。そして、逆に土地は隆起したかもしれない。かつて大森林だった場所は乾燥化が始まり土地は荒廃する。荒廃した土地は風雨にさらされて浸食が始まる。そして、地下に押し込められていた石炭と恐竜化石が顔を出す。恐竜化石の見つかる場所がどのような場所か知らないが、そこにはかつて恐竜がたくさん居て木性シダの大森林が広がっていたのである。

中国には早くから青銅器があった。鉄器もあった。それらの道具を作る為には大量の木材が燃料として必要になる。青銅器と鉄器があれば木を切り倒すのは簡単な事である。鉄と銅の鉱石がたくさんあれば全ての森林を伐採し尽くすのに5000年もあれば十分である。青銅器と鉄器が遺跡から出土したのであれば、森林が全て伐採し尽くされた事を想像する事は簡単な事である。しかし、多くの歴史学者は想像力が欠如しているのか、どのような事が行われていたかに対して想像が及ばない。大森林があった事を想像できないと言って良い。

過去において黄河、長江は何度も氾濫を繰り返して流路を変えている。これは森林を伐採し尽くしたから起きた事である。地下深くまで張り巡らされた大木の根が一斉に無くなれば、土壌が大雨で一気に流されるのは当然の事である。仮に、数千年前にさかのぼって氾濫の歴史が分かるのであれば、森林伐採の歴史が明らかになるだろう。人が手を加えなければ、現在のアマゾン川流域のように河川は氾濫を起こさず滔々と流れ続けるのである。

エジプト文明についても毎年のようにナイル川が氾濫していた事を歴史学者が認めるなら、ナイル川の氾濫が起きる前の状況を想像するべきなのである。

どのように計算しても中生代の窒素放出量が多くなるのだから、中生代石炭の埋蔵量もそれに比例して多くなければならない。10億人以上の人口を支え続けている肥沃な土壌の存在が過去に存在しただろう大森林を想像させ、中国の地下に眠っているだろう石炭量の多さを想像させる。私はそのように想像した。

以前私はアメリカの美術館で1枚の絵を見た。その絵にはアメリカ建国当時、入植者が見た当時の景色が描かれていた。その絵には見渡す限り生い茂る木々が描かれていたのである。

アメリカ北部にはプレーリーと呼ばれる広大な穀倉地帯がある。肥沃な土壌が広大な土地に広がっていて小麦などの大生産地になっている。土壌が森林によって作られたとすると、現在小麦が作られている広大な土地は全て森林だったという事になる。そして、現在それらの土地は土壌の流出が激しくてやせた土地に変わりつつあると言う。

アメリカが建国されたのは300年ほど前である。プレーリーにあった大森林を全て伐採したのが先住民なのかアメリカ人なのか分からないが人類である事は間違いない。その人類がアメリカ全土に広がっていただろう全ての森林を伐採し尽くしたのである。伐採し尽くして農地に変えた。アメリカ人は灌漑設備と農業機械の近代化で、今その全ての土地を草も生えない砂漠に変えようとしている。

塩害という言葉がある。土壌の層が無くなり、砂の層が出てきた。土地に肥料を与えて水を撒くと砂の層から塩分が沁みあがってくる。この場合の塩分とは砂に含まれて居る金属元素である。塩分を多く含んだ土地に植物は育たない。塩分を多く含んだ土地は肥料を与えても、灌漑設備を整えても、役立たずの土地なのである。これを塩害と呼ぶ。アメリカでは広大な土地が塩害によって作物の育たない土地に変わりつつある。

インダス文明を代表する遺跡の一つにモヘンジョダロ遺跡がある。その遺跡には大量の日干し煉瓦が住居跡として残っている。その日干し煉瓦に含まれる塩分量を調べて、古い物から順に塩分量が多く含まれて居るなら、インダス文明が塩害によって滅んだことを証明できる。その事が証明できれば、塩害が起きるまでの期間そこで農耕を続けていた事が証明される。すると、肥沃な土壌が周囲にあった事を想像する事は簡単な事だし、同じように大森林があった事を想像する事も簡単な事である。その場所に住み始めた人類が数千年かけて行ってきた行為の結果が日干し煉瓦として残っているに過ぎないのである。

耕せる農地が無くなったのであれば小麦を作る事ができない。砂漠化していく土地は住む事のできない、役立たずの土地だから、その土地を放棄して移住するしかない。

では、文明が滅んでしまった土地はどのような土地なのか。見渡す限り平らな土地が広がっている場所なら、そこには大森林が広がっていたはずである。森林を伐採し尽くし肥沃な土壌を全て食料に変えてしまったなら、平らで広大な土地はアメリカと同じように塩害が広がる事になる。さらに進むと砂だけが残って砂漠になる。文明の発展を支えたのが肥沃な土壌だという事が理解できるなら、肥沃な土壌が無くなった時に文明が滅びる事を理解するのは簡単な事である。そして、全く同じ理屈が現在にも当てはまる事に考えを巡らせるべきである。

日本では塩害の話はあまり聞かない。何故だろうか。

傾斜地が多いからである。日本ではどこにいても山がすぐ近くにある。山に降った雨が森にある有機物を平野部にまで運んで来るからである。地下水が塩分を洗い流してくれるからである。狭い平野、狭い農地だから、森を大切にしている限り肥料を与えないでも作物が育ったのである。

大豆、トウモロコシなどの輸出大国がそれらの農産物を輸出できない国になりつつある。目先の利益を優先して土地がやせていく事に目を向けようとしない。そして、アメリカの農産物に依存している国々もその事に目を向けようとしない。

肥沃な土壌は森林が残した置き土産であって、使い果たせばなくなる物だと考えれば、土壌も限りある資源なのである。その限りある資源が世界の人口を支えている。そして、加えて言うなら、灌漑設備と農業機械の近代化で世界人口の増加をも支えている。土壌を消費し尽くせば、土壌が無くなった地域から順に飢饉が始まる。お金が手元にたくさんあったところで手を差し伸べる事はできない。何故なら、その頃には世界中が飢饉に見舞われているからである。肥沃な土壌を生み出す森林が伐採し尽くされて残っていないのなら、世界人口を支える為の農地はどこにも残っていない事になる。すると、インダス文明が滅んだように次々と文明が滅んでゆく事になる。後には廃墟と共に土壌を使い果たしたやせた土地だけが残る。

今では家に居ながら世界各地の観光地を映像で楽しむ事ができる。どの映像を見ても豊かな森林が確認できない。人類が手の出せない急峻な地形の場所しか森林が残っていない。なだらかな斜面は全て農地になっているか草地になっているかのどちらかである。

本来地球は植物だらけの星なのである。数千年かけて大きくなった木を次々と伐採し、それらを使って大きな神殿を作り大きな船を作った。木は腐っていくものだから、神殿は石で作ることにした。だから現在石でできた建造物又はピラミッドのような巨大な墓しか残っていない。日干し煉瓦しか残っていないインダス文明も同様である。残っていないから、過去にどれぐらい森林を無くしてきたかを想像する事ができない。想像できないから悪い事をしていたという認識が無い。悪い事とは何か。森林を無くしていく事である。森に棲む多くの生物を滅ぼした事である。

屋久島には樹齢が3000年を超える屋久杉がまだ残っている。森林が再生されるには数千年かかるのである。その再生速度以上の速さで森林を伐採し続けているのである。数千年前に世界各地で起こった文明の大半が現在草も生えない乾燥地に変わっているのだから、おそらく、人類が現れる前にあった森林の8割ほどが既に伐採されて消滅したのだろう。

何故8割というとんでもない数字が出てきたのか。文明が起こったとされるナイル川流域、チグリスユーフラテス川流域。どちらも流域面積は広い。加えていうならミシシッピ川流域も広い。現在耕作地になっている全ての場所に大森林があったと考えて良いだろう。人類はそれらの森林を全て伐採し尽くした。森林を伐採して農地に変える事が人類にとって良い事だと、どの時代の人間も思っていたから歴史として残さなかった。最近になって伐採された森林も記録として残されていない。アメリカの美術館に残された1枚の絵から想像するしかない。

これらの変化は火を使い始めた人類によって引き起こされた変化である。木を燃料としてしか見てこなかった人類が行ってきた行為の結果である。その始まりはいくら多く見積もったって100万年前である。わずか100万年である。そして、この変化は現在加速度的に変化している。この割合で森林が減少し続けると、植物から放出される酸素量は限りなく0に近付く。そこに棲んでいた生物が次々と滅ぼされてゆく。これが悪い事なのである。人類はその事に気が付いていない。全く気が付いていないと言って良いだろう。歴史学者まで気が付いていないのだから始末に困る。

現在の状況が分かって貰えただろうか。

中生代では窒素の放出量を上回る酸素放出があったから酸素濃度が上昇し続けた。それは、細胞が巨大化した木性シダが現在の植物の10倍の速さで成長し大森林を作って膨大な量の酸素を放出し続けていたからである。その大森林が地下深くに押し込められて炭化し、新生代に入って膨大な量の窒素を放出し始めた。そして、その膨大な量の窒素が酸素濃度を30%から21%まで下げた。人類が酸素濃度18%で滅びるなら、あと3%しか残っていない。

人類が登場する前と比較した場合、今の状態は酸素増加量がほとんど無いと言って良い。頼りにするべき植物から放出される酸素量が限りなく0に近付くなら、それは植物にとって絶滅の時代と言って良いだろう。植物を絶滅の危機にまで追い込んでいるのは人類である。

しかし、当の人類にはその認識がない。いや、認識する事ができないのだ。1本の巨大な木を切り倒す事がどれほど罪作りな事なのかを認識できないと言って良い。

残されている森林が0に向かってどんどん減少し、生産される酸素量がどんどん減少するなら、当然酸素濃度の低下速度は増加する。残るのは酸素の消費量である。

今後、加速度的に酸素が消費されるなら、酸素濃度は加速度的に低下する事になる。すると人類絶滅までの残り時間は加速度的に短くなる。人類は他の生物まで巻き込んで、絶滅へ向かって暴走する恐竜より恐ろしい生き物なのである。

人類が滅びるまで

有機物と酸素は植物の光合成によって作られる。光合成の過程で作られる有機物の量は放出される酸素の量に等しい。有機物を消費すれば酸素も等しい量が消費される。人類が長い年月をかけて木を伐採し続け燃料として使い続けてきた。木を燃やす時に使った酸素の量がどれほど多かったとしても、既に消費された酸素として忘れ去られている。そして、肥沃な土壌に含まれる有機物を食料として消費し続けてきた。その間にも人間の体内で酸素が消費されてきたのである。有機物が地下深くの場所で化石燃料に変わっているのだから、化石燃料を燃やした時にはそれまでとは比べ物にならない位大量の酸素を消費している事になる。

心配になったので、大気中にある窒素量から、地下に眠っている化石燃料がどれぐらい残っているかを計算してみた。既に述べている通り、およそ65倍の化石燃料が地下に眠っているという計算結果だった。もちろんこの計算結果は信頼できる値ではない。

しかし、この65倍量の化石燃料が地下に眠っているという私の推測は多くの学者がはじき出した埋蔵量をはるかに上回る量である。65倍もの化石燃料が地下に眠っているなら人類の未来は明るいと、ほとんどの人が大喜びする程の量なのである。

65倍量の化石燃料が地下に眠っているとして酸素の消費量を計算してみた。65分の1の化石燃料の内その約半分を既に使ったとすると、大気中の酸素の内、既に130分の1の酸素を使った計算になる。わずか200年ほどの間に130分の1の酸素を使ったのであれば、同じ割合で化石燃料を使い続けたとして2000年で13分の1の酸素を消費する計算になる。13分の1の酸素量は酸素濃度1.6%に相当する。今の酸素濃度が21%だから2000年経てば酸素濃度は約1.6%下がって19.4%になる。

さらに2000年の間、同じ割合で化石燃料を燃やせば酸素濃度は17.8%にまで下がる。すると、急に設計図の書き換えができない人類は絶滅の危機に直面する。13分の2の酸素量は総石炭埋蔵量の13分の2に当たる。地下深くに眠っている石炭石油の15%を燃やせば、人類は危機に直面する計算だ。

この計算は同じ割合で化石燃料を燃やし続けた場合の計算だけれど、実際の燃焼速度は加速度的だ。その事を加味すると今から4000年後には既に人類は滅亡している事になる。科学技術を駆使して生き残っていたとしても、生き残るためにさらに化石燃料を燃やし続ければ8000年で15%を下回る。これは全ての陸上生物が絶滅する酸素濃度である。大隕石の衝突によって中断された絶滅ストーリーを完結させるべく、人類が大急ぎで頑張っていると捉える事ができる。

哺乳類が出現して種類数を増やしていったのは白亜紀の中頃である。その頃の酸素濃度は20%を超えていただろう。その時以来酸素濃度は変化し続けている。今生き残っている生物はその変化に対応して命をつないできた生き物達なのである。地球環境の変化に対応して酸素濃度20%に適応できる生物が現れるまでに数千万年という気が遠くなる程の時間が必要だった。しかし、人類はとんでもない勢いで地球環境を変えようとしている。そして、その変化の始まりはたった200年ほど前なのである。そして私は直近の70年程を見てきた。その70年という長さは将来起きるだろう危険を察知するには十分な長さである。

順に考えていくとこうなった。私でも驚くようなとんでもない答えが手元に残ってしまった。

ここまで一気に書き進めてきたが、4000年後に人類が絶滅の危機に瀕しているとは思えない。本当だろうかと私も疑ってしまう。作り話としては良くできているが、書いている私もそんな馬鹿な、と思っているのだから笑うしかない。

しかし、もしこの計算が正しければ、笑っている場合ではない。火の見やぐらに登って手がちぎれそうになるまで半鐘を鳴らさなければならない。寝ている人まで起こして、人類は4000年後に滅びるぞと叫ばなくてはならない。

もし間違っていたとすればどこで間違ったのだろうか。もう一度順番に確認してみたいと思う。

1. 植物が作った有機物の総量と総酸素量は比例する。
2. 植物が同化した炭素量と窒素量は比例し、その割合は13：4である。
3. 地下深くに押し込められた有機物は高温押圧の状況下で窒素ガスを放出する。
4. 窒素ガスの放出量は地下深くに押し込められた有機物の量に比例する。
5. 一斉に放出された窒素ガスは酸素濃度を低下させる。
6. 過去に酸素濃度が変化した様子は酸素濃度変化グラフで確認できる。
7. 窒素ガスの放出量は酸素濃度変化グラフを使って計算で求められる。
8. 酸素濃度変化グラフが正しいかどうかは出土した化石から確認できる。
9. 酸素濃度変化グラフが正しければ大気中のそして酸素濃度が15%以下に下がると陸上生物は絶滅する。
10. 絶滅は繰り返す。

何度繰り返し確認しても私にはどこが間違っていたのかが分からない。

思い込みが強ければ、人はそこから中々抜け出す事ができない。私もその思い込みの真っただ中にいるのだろう。しかし、間違っていないならとんでもない事になってしまう。

恐竜の謎を解いている間に、人類にとって恐ろしい未来を覗き見る結末になってしまった。驚かせる事を目的に書き始めたのではないのだけれど、想像する事は楽しい。この楽しさは狭い空間だけでも十分味わえる楽しさである。

ふと、学生の頃に読んだ一節が頭に浮かんだ。誰の言葉か覚えていないのだが、気に入った一節なので紹介する。

『家は十坪、庭はただ三坪、誰か言う、狭くしてかつ廊なりと。家狭くも膝を入るべく、庭狭くも干して永遠を思うに足る』

想像する楽しさを知っている人なら、山茶花の木が生えた、狭い三坪の庭があればそれで十分なのである。若い頃に国内を歩き回ったのだが、今はその元気がない。特に海外旅行に行きたいとも思わない。狭い部屋で謎を解きながら想像する楽しさを日々味わって満足していると言って良い。

人類が滅びる話で書き終えるつもりだったのだが、暇を持て余すあまりに、謎解きの続きが思いがけない形で発展した。クジラの話、深海生物の話へと面白い話が次々に老人の頭に浮かんできたのだから仕方がない。捨ててしまうには惜しいので、更に書き続ける事にした。

5章　酸素の行方

次の話は酸素の行方についての話である。過去に陸上植物が作り出した酸素量が窒素量より少ない事を不思議に思っていた。その事を謎と捉え、考えている内にどんどん発展していったので紹介する。

大きい生物について考えていて新たに疑問が湧いてきた。深海生物にダイオウイカという巨大なイカが居る。最大のものは14.3m。そして、クジラの中で最大のものと言えばシロナガスクジラだ。最大全長33.6m。どちらも信じられないぐらい大きい。これらの大きい生物は実際に生きているのだから、疑いようがない事実だ。その事実に私が立てた仮説が通用するか考えてみた。

深海の巨大生物

私の仮説によると、巨大生物が存在する為の条件が二つある。一つは細胞が大きい事。二つ目は酸素濃度の高い環境で生活する事である。ダイオウイカの大きさが普通のイカの10倍ぐらいの大きさだとすると、恐竜が大きくなった理由が当てはめられるはずだと考えた。

まず、細胞は手に入るので普通のイカと比較する事ができる。ダイオウイカの寿命が普通のイカの10倍長いとは思えないので、細胞の大きさがとても大きくて短時間に成長したはずである。短時間に成長するには豊富な餌と高い酸素濃度が必要になる。その両方が深海にはあるはずである。

酸素濃度は窒素と酸素の比率である。酸素が窒素の2倍水に溶けるとしても、深海には溶け込んだ酸素が豊富に存在していて酸素濃度が30%を超えていなければならない。光が当たらない深海に植物はいない。植物が居ないのだから、酸素の供給源は大気中にある膨大な量の酸素である。すると、海水に溶け込んだ酸素が深海にまで下りて行ったという事になる。

酸素の密度は1.429g/ℓ。窒素の密度は1.251g/ℓ。この場合の密度とは1ℓの気体の重さで表している。だから、窒素より酸素の方が重い気体だという事になる。重いと言ってもその差は小さい。海水に溶け込んだ両方の気体がかき混ぜられなければ、深海では地球の引力によってより密度の大きい酸素の方が多く溶けている事になる。

深海の映像を見た事がある。マリンスノウと名付けられた小さなものが、雪が降るように静かに落ちていく映像だった。とてもゆっくりと静かに落ちていく映像には海水の動きはなかった。すると、深海では海流と呼ばれる荒々しい海水の動きが深海水にまで影響が及んでいないという事になる。海流は対流圏のように限られた範囲内で起こる海水の変化だという事になる。

深海で海水中の酸素濃度を測定する事は困難である。しかし、深海の酸素濃度が30%を超えているなら、そこで暮らす生き物の細胞が大きく体が巨大化していても、すぐに大きく成長する事が可能だという事になる。もしかすると、ダイオウイカは中生代の頃に浅瀬で生きていた巨大なイカが深海に避難して生き残ったのかもしれない。あるいは、避難した先の環境が高酸素濃度の環境なので体が巨大化したのかも知れない。巨大な生物が深海にたくさんいるとは思えないので、その可能性が高い。

今では深海にまで潜る事ができる潜水艇があるので、実際に深海水に酸素が多く溶け込んでいるかどうかを確認する事ができるはずである。一度是非確認してもらいたいものだ。その事が確認できれば恐竜が巨大化した謎の一部が解けた事になる。

シロナガスクジラについて考えてみた。クジラの仲間を全てまとめて1枚の絵に表している図があった。

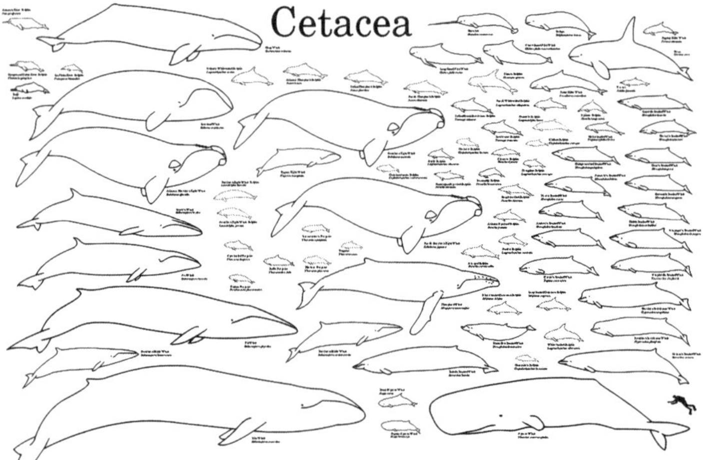

図7　およそ80種におよぶ現生のクジラ類

イルカの仲間を含めておよそ80種類いるらしい。この図には約2mの種が43種、6〜8mの種が26種、残りは10mを超す巨大な11種である。大きさを比較する為に並べたと思うのだが、巨大なクジラと小型クジラに分ける事ができて、巨大なクジラが飛びぬけて大きい事が分かる。クジラ類共通の祖先が居たとして、一部のクジラは巨大化する道を選び、多くのクジラは巨大化する道を選ばなかったという事になる。その違いは何だろうか。

巨大生物は生きているだけで大量の酸素と食料が必要である。大型恐竜の解釈を行った時と同じ解釈をするなら、大型クジラの寿命は永くても100年を超えない。短期間に成長する為には30%を超える酸素濃度と豊富な餌が必要である。逆に言うなら、30%を超える高酸素濃度の環境下で短期間に成長しなければ体を巨大化する事すらできないはずである。

ダイオウイカのような大きいイカが生きてゆける高酸素濃度の場所が深海にはある。シロナガスクジラの主な生息場所が深海なら、体が巨大化した理由をうまく説明できる。では、シロナガスクジラのように大きいクジラの仲間の生息場所は主に酸素濃度の高い深海だという事になる。

詳しく知りたいと思ってクジラの事をネットで検索してみた。クジラは空気呼吸をしていると書いてあった。シロナガスクジラが大気中の酸素を空気呼吸で得ているなら、ゾウなどの陸上動物と同じ酸素濃度20%の世界に生きる仲間という事になる。生物の大きさは酸素濃度に制限されるという私の仮説が正しいなら、体の大きさは酸素濃度に比例してゾウほどの大きさでなければ生きてゆけないはずである。どうもおかしい。さらに続きを読んでみた。

クジラは3000mの深海にまで潜る事があると言う。そして、最近の研究では3時間以上潜っていられるクジラがいると言う。益々謎が深まる。大量の酸素を空気中から取り入れるとして、1回の空気呼吸で何リットルの空気を呼吸しているのだろうか。骨格標本があるなら、肺の大きさから取り込まれる空気の量が分かる。その1回の呼吸で得られる酸素量は限られている。3000mの深海にまで潜り、3時間以上潜っていられるだろうか。酸素濃度20%の空気を直接呼吸している限り、深海まで潜る事はできないはずである。生きているだけでも大量の酸素が必要な巨大生物が1回の息継ぎで深海まで潜れるはずがない。さらに調べてみると、筋肉に酸素を蓄える事ができるという記述があった。どのように考えても無理がある。

気体の体積は圧力に反比例する。圧力が2倍になれば気体の体積は2分の1になる。水深10mごとに1気圧増えるのだから、100mの海底では10気圧増える。3000mの深海では300気圧増えるのだから、1回の呼吸で取り込んだ空気の体積は300分の1になる。空気呼吸で酸素を得ているのであれば、300分の1に圧縮された空気と、その空気を取り込む肺胞と呼ばれる肺組織はどのような状態になっているのだろうか。不思議な事だとは思わないのだろうか。

肺は通常、肋骨に守られた胸腔と呼ばれる空間にぴったりと収まっている。ぴったり収まった袋のような物だと考えれば良い。300分の1に空気が圧縮されれば袋も当然300分の1にしぼんでしまう。では、空気以外の空間は何で埋められていると考えられているのだろうか。

どのように計算しても1回の呼吸で3時間の潜水が不可能なら、他の方法で大量の酸素を吸収しているという事になる。説明できなければ納得できる答えを探す必要がある。謎だと捉えて私なりの答えを用意した。私の頭の中に常識は存在しない。

クジラ類が空気呼吸だけではなく、肺に充たされた海水からも酸素を吸収しているなら謎が解ける。誰も思いつかない、とんでもない発想だが、肺の中に海水を入れてその海水から酸素を吸収しているなら、酸素濃度が高い深海は大きなクジラにとって住みやすい環境だという事になる。

常に深海の酸素濃度が30%以上あって食料が豊富なら、そして、細胞が大きくなっているなら、恐竜のように成長が速くなって短期間に巨大化する事が可能になる。全てうまく説明する事ができる。

この発想は全ての生物学者を敵に回すようなとんでもない発想だが、今までの考えを推し進めると、この解釈しかない。肺で吸収された酸素は血液によって体全身に運ばれる。心臓は血液を全身に送り出すポンプの役割をしていて、一瞬たりとも止まる事が許されない。体全身にある全ての細胞が酸素を必要としているからである。体全身の細胞が必要としている酸素量はどれ位だろうか。3時間酸素を送り続ける為にはどれ位の酸素量が必要だろうか。その酸素量を数回の息継ぎで得る事ができるだろうか。多くの生物学者は、そんな事は不可能だとは決して考えないのだろうか。不思議な事だと考えるのなら、その事を謎として捉え、その謎を解こうとするべきである。

恐らく、私の考えを聞いても、そんな馬鹿な事はないと一喝されて、全く相手にされない事だろう。耳を傾けようとすらしない頭の固い人が学会と呼ばれる所には大勢いるのである。そんな人達のいる学会で認められていない事は全て作り話として切り捨てられるのである。

作り話に戻る事にする。

シロナガスクジラの目撃例と捕獲例が極端に少ないのなら、その主な生活場所は海面近くではなく深海だという事になる。餌を求めて海面近くまで上がって来る事があっても、そこは大きなクジラにとって酸素濃度の低い暮らしにくい環境だという事になる。

潮吹きという行動をクジラは行っている。子供がクジラの絵を描くときに好んで背中に書き足す事の多い潮吹きである。背中に呼吸の為の穴が開いていて、その穴から大気中の空気を呼吸している証拠のようにこの潮吹き行動は扱われている。しかし、逆に考えると、深海から浮上してきた場合、肺に海水がたくさんあったとして、海水中に溶け込んだ大量の酸素は厄介者になる。気圧が一気に減少すると、海水に溶けていた酸素が気体になろうとするからである。

水に溶ける気体の量は圧力に比例する。これをヘンリーの法則と言う。圧力が2倍、3倍になれば、水に溶ける気体の量は2倍、3倍になる。逆に圧力が下がれば、水に溶けていた気体が泡になって元の気体に戻ろうとする。サイダーの栓を抜いた時に溶けていた二酸化炭素が一気に泡になって出てくるように。

だから、クジラは急いで気体になった酸素を大気中に放出する。私の解釈では、潮吹き行動は深海から浮上してきたクジラが全く逆の目的で行った行為だという事になる。冷えた炭酸飲料水を飲んだ時にげっぷが出るような物である。

クジラは潮を吹く。遠くからでも確認できる程の大量の潮を吹く。これは息を吐くときの行動だと考えられている。では、肺の中に海水がある事は明らかである。

深海から上がってきて大急ぎで空気呼吸をするなら、空気を取り込むだけで良い。大量の潮を吹く必要はない。そして、息を吐く度に潮を吹くなら、肺の中には大量の海水があると考えるべきである。肺の中に海水があったとしても、クジラにとってその事が何ら問題ではない事に気が付くべきである。何故世界中の学者たちはこんな簡単な理屈が分からないのだろうか。

昨日、大阪湾にマッコウクジラが迷い込んだというニュースが入った。深海に戻れなくなったので、呼吸困難になったのである。酸素濃度20%の空気を呼吸している生き物なら、餌さえ与えれば大阪湾で生息する事も可能なはずである。すぐに衰弱して死んでしまうのなら、マッコウクジラは酸素濃度20%の住人ではないという事である。

大阪湾に浮上してきた子クジラはわずか数日で死んでしまった。特に外傷が無かった。死因はなんらかの病気だったのだろうという解説だった。大抵の動物は例え病気だったとしても、幾日も餌を食べなかったとしてもすぐには死なない。すぐに死んでしまった事の方を不思議な事だと捉えるべきである。酸素濃度20%の世界で大型クジラは生きていけないという事である。大型クジラを飼育する事ができないという事である。ダイオウイカについても同様である。

イルカは哺乳類である。水族館で飼育されている場合が多いので、一度調べてみたらどうだろうか。一回の呼吸の際に空気中から取り入れる空気の量が分かるのなら、呼吸の回数から肺呼吸によって取り入れられる酸素量が分かる。その酸素量が運動量よりはるかに少ないなら、イルカが酸素を呼吸する時、大気中の酸素だけでは足りないという事になる。空気呼吸以外に海水からも酸素を吸収できるなら、イルカは水中生活に特化した体を持っているという事になる。

イルカが呼吸する際にクジラのように潮を吹くかどうかについて私は詳しく知らない。だから、イルカは肺呼吸だけを行って生きているかもしれない。しかし、呼吸の為の穴は開いたままである。高速で泳ぐとき、あるいは水中に潜る時にその穴から海水が入るはずである。そして、呼吸の際に肺の中に海水が入るだろう事を考えると、イルカもクジラと同じように海水からも酸素を得ているのではないかと私は思っている。

哺乳類の中で水中生活に特化した生き物がクジラ類なら、クジラ類独自の呼吸方法を持っていたとしても不思議ではない。

これまでの仮説が全て正しいなら、シロナガスクジラのような大きいクジラは今より酸素濃度が高い頃に、その時の酸素濃度に合わせて細胞を大きくし、巨大化したクジラだという事になる。単独行動が多いクジラが競争の激しい環境で生きるなら体が大きい方が生き残って巨大化する。巨大化したクジラ類は恐竜類と同じような進化の道をたどってきたのだろう。大型のクジラは酸素濃度が低下するにつれて息苦しくなり、酸素濃度が高い深海へと生息場所を移していった。巨大化したクジラが全て単独行動をして競争社会で生きているなら、酸素濃度に合わせて体が巨大化するという私の説が正しいという事になる。

反対に、小型のクジラがイルカのように助け合って集団で行動するなら体を大きくする必要が無い。体を大きくする道を選ばなかったのだから、酸素濃度が低下しても浅い海域で十分生きてゆける。小型のクジラが全て集団行動していて助け合って生きているなら、恐竜が巨大化した理由に対する私の説がさらに強化された事になる。

思っても居なかった所で恐竜に対する私の仮説がポコッと顔を出した。恐竜に対する解釈とクジラに対する解釈が見事につながった。このつながった瞬間がとても楽しい。

すると、同じ哺乳類の中でも集団で生きる道を選んだ者と単独行動を選んだ者では、絶滅までの道のりが違うという事になる。マンモスゾウは単独行動の道を選び、勝ち残るために体を巨大化していった。そして、酸素濃度が下がった時に単独行動をしていて体の動きが鈍くなったので人類に滅ぼされた。アフリカゾウ、インドゾウは集団で生きる方を選んだので体を巨大化する必要が無かった。そして、集団行動で人類からの攻撃を防ぐ事ができた。だから、滅びる事無く生き残ったと解釈する事ができる。

ある言葉が浮かんできた。絶滅論である。生命がどのようにして進化してきたのかを説明するのが進化論だとすると、どのようにして絶滅していったのかを説明する為の言葉も必要だろう。

私の考えが正しいとすると、酸素濃度が変化する限り、その変化速度に付いて行けない生物は必ず絶滅する。

陸上植物が大繁殖すれば酸素濃度が上昇する。酸素濃度が上昇すれば、その酸素濃度に合わせて生き残るべく全ての陸上動物が進化してゆく。競争の激しい社会で単独行動をする生き物は競争に打ち勝つために体が巨大化してゆく。集団行動をする生き物も酸素濃度が上昇すれば、その酸素濃度に合わせて体の構造を変化させてゆく。

植物の世界は光を求めて常に競争しているのだから恐竜のような競争の激しい社会だと言える。酸素濃度に合わせて細胞を大きくし、成長が速く大きく育つことのできる植物が勝ち残る。すると、巨大化した植物が優占種になる。植物と動物、それぞれの世界で競争が激しくなり、共に巨大化した生物が生き残る。酸素濃度はどんどん上昇し続ける。巨大化した植物の重みで地殻は下がり始める。地下深くの場所に押し込められた植物は炭化し始め窒素を放出し始める。放出された窒素量が膨大な量になれば酸素濃度が低下し始める。巨大化した草食動物が巨大化した植物を滅ぼせば酸素濃度は一気に低下する事になる。そして、酸素濃度に合わせて巨大化した動物から順に絶滅してゆく。

植物の世界も同様に巨大化した植物から絶滅する。これが、私の考え出した絶滅の法則である。

新生代は絶滅ストーリーの後半に当たる。新生代に入って酸素濃度が低下し続けているのだから、巨大化した動物から順に絶滅している事が化石から確認できるのであれば、私の説が正しいという事になる。今までに誰も考えた事が無いのであれば、絶滅論という言葉を使う事が許されるだろう。

深海の生態系

不思議の種が一つ落ちていた。大型クジラが住む深海とはどんな世界なのだろうか。大型クジラを養う為の大量の食料を用意しなければならない。シロナガスクジラはオキアミと呼ばれる小さなエビを海水と共に飲み込んでエビだけを上手に食べているらしい。では、シロナガスクジラが生きていく為の大量のオキアミを毎日用意しなければならない。

南氷洋という言葉がある。南極大陸近辺に広がる海の事である。日本はかつて捕鯨大国であった。クジラだけを捕まえる目的で大きい捕鯨船を作った。大きな捕鯨船は南氷洋まで出かけて行ってたくさんのクジラを捕まえた。南氷洋にはクジラがたくさん居たのである。

捕まえたクジラは余すところなく利用したそうである。分厚い皮下脂肪から油を取り鯨油として利用された。油を搾り取った後の皮膚の部分はコロと呼ばれておでんの材料として使われた。クジラの肉は水菜と一緒に炊き込んで、はりはり鍋にして食べた。小学生の頃、鍋いっぱいのクジラ肉のおいしさに仰天して、苦しくなる程たくさん食べた事を私は思い出した。

南氷洋はクジラがたくさん住む場所なのである。南氷洋とは南極の周り一帯に広がる海の事である。すると、南氷洋にはクジラの食を充たす豊富な食料があるという事になる。

クジラの図を見ると、巨大化したクジラの多くは大きい口を持っている。彼らは主にオキアミだけを食べていたのだろう。食物連鎖の頂点にクジラが居るとして、彼らの下には食べられる側のオキアミが大量に居なければならない。オキアミの下にはオキアミの餌になる動物プランクトンが大量に存在しなければならない。では、動物プランクトンは何を食料にしているのだろうか。

深海に植物はいない。光が当たらないからである。光が当たったとしても南氷洋の海水中に植物はいない。何故なら、南極が冬になる時期には半年間太陽が昇らないからである。反対に夏になれば太陽が沈まない。半年の間光が当たらないなら植物は生きてゆけない。すると、南氷洋には植物プランクトンが居ないという事になる。

では、南氷洋に居る大量の動物プランクトンは何を食べているのか。大きな謎である。

南氷洋の海底に大量の動物プランクトンを養うだけの豊富な有機物が存在しなければ計算が合わない。炭素と窒素を同化して有機物に変える事ができるのは植物だけである。すると、過去に植物によって作られた有機窒素を含む大量の有機物が南氷洋の海底にはあるという事になる。

南極が緑豊かな陸地だったのは中生代である。今は厚い氷によって押し込められ沈み込んでいるが、氷が無ければ南極大陸は浮き上がり大陸の面積は今の1.5倍近くになるだろう。そう考えると、南氷洋の海底にはかつて陸地であった頃に大繁殖した木性シダの残骸が多く残っているだろう。その多くは石炭になっているだろうけれど、新生代に入って南極大陸が寒冷化し極地になったのであれば、その大量の有機物はそのまま南極大陸近辺の海底に残っていなければならない。その大量の有機物が動物プランクトンによって今も利用され続けているのではないだろうか。有機窒素を含む大量の有機物がどのようにして作られたのかを順番に考えていくと、このような考えに落ち着いた。

以前テレビで面白い映像を見た事を思い出した。無数のオキアミが泳ぎ回っている様子が映し出されていた。どこで撮影された物か覚えていないのだが、その映像にはオキアミしか映っていなかった。潜水艇の周りはオキアミだらけだった。

見方によっては、とても不思議な光景である。南極に棲む無数のオキアミはどれも同じ大きさで群れを成して泳いでいた。今までに見つかったオキアミが全て同じ大きさで小さいままならオキアミは成長しないエビだという事になる。

魚屋さんの店先に、瀬戸内産と表示されたアミエビが売られているのを最近になって見付けた。アミエビと名付けられたエビも小さくて大きさが揃って居る。これで精一杯大きくなったエビの姿なのだろうか、等と考えている内に面白い考えが浮かんできた。

仮にオキアミが海水中に溶けている有機物を吸収するだけで生きていけるなら、オキアミが生きていく上で餌を食べる必要が無い事になる。前述したように南極大陸付近の深海に大量の有機窒素を含む有機物が溶けているなら、餌がなくてもそれらの有機物を吸収するだけで十分生きていける。人間が栄養ドリンクを飲むようなものである。脳死状態の人間が点滴だけで生きていけるように、口から餌を食べなくても吸収しやすい形の栄養を摂取するだけでオキアミだって生きていけるかも知れない。

ネットを探してエビの消化管について表した絵を見つけた。消化管は細長い1本の管に過ぎない。短時間に消化できないものはすぐに排出される構造だと言って良いだろう。もしかすると、食べた物を消化分解する酵素を持っていないかも知れない。これも調べれば分かる事だ。そして、南氷洋に居るオキアミの消化管はもっと単純な構造かも知れない。では、何を栄養にして生きているのだろうか。オキアミのような小型のエビが海水に溶けた有機窒素を含む有機物だけで飼育可能だという事が飼育実験で確認できたなら、大量の有機物が溶け込んでいる南極大陸周辺の深海はオキアミにとって天国だという事になる。

大型クジラの絵を見ると、大部分がシロナガスクジラのように大きい口をしている。大きい口を持った大型クジラは主にオキアミを食べていると言って良いだろう。すると、それらのクジラを養うオキアミが大量に必要になる。やはり、南氷洋の海底にはオキアミにとって無限にあると言って良い程、膨大な量の有機窒素を含む有機物があると考えて良いだろう。

東南アジアの国ではエビの養殖が盛んである。稲を作っていた田に水を張ってエビを養殖している。田んぼだった土地に窒素化合物を含む有機物がたくさん溶け込んでいるなら、十分な餌を与えなくてもエビが大きく育つ事になる。

またとんでもない発想が浮かんできた。大型クジラを支える生態系についてである。

マッコウクジラはシロナガスクジラとは違っていて歯を持っ

ている。食べているものが違うからである。口の大きさは体の大きさと比較して小さい。歯も小さい。肉食恐竜のように大きい草食恐竜を襲って食べるという雰囲気ではない。すると、主な食料はオキアミのような小さいエビではなく、深海にいる大きい魚とかダイオウイカとか、ある大きさ以上の活発に動く動物だという事になる。そして、マッコウクジラが食物連鎖の頂点に居ると考えると、その大きい体を維持する為には、かなりの量の食べられる側の動物が必要になる。仮にマッコウクジラが主に深海鮫を食べているとすると、深海には深海鮫がたくさん泳いでいなければならないし、深海鮫が食べる魚が大量に泳いでいなければならない。

すると、深海には酸素濃度30%の別世界があるという事になる。特殊な環境で生きる多種多様な生物が別世界の生態系を形作っていてマッコウクジラがその頂点に居るという事になる。1頭の巨大なマッコウクジラが生きてゆく為にどれ位の食料が必要なのかを考えて行くと、深海には巨大なマッコウクジラを支える為の、多種多様な動物で構成された食物連鎖が存在するという事になる。そして、その食物連鎖の始まりは生きた植物ではなく過去の植物によって同化された有機窒素を含む大量の有機物だという事になる。それらの大量の有機物は主に中生代の頃に栄えた植物に由来する。それらの蓄積している場所は南極大陸周辺の海底だという事になる。

深海の食物連鎖

ネットで調べると、マッコウクジラは全ての海洋で発見されるという記述があった。では、食物連鎖の最下層に位置する大量の有機物は南氷洋の海底だけではなくグリーンランド周辺の深海水にも溶けているかも知れない。

授業で習った食物連鎖の図は三角形で表されている。大抵その底辺の所には植物が居る。植物が植物連鎖の始まりだと習った。しかし、私の考えが正しければ、食物連鎖の始まりは植物である必要はない事になる。有機窒素を含む有機物その物だって食物連鎖の始まりになり得るという事になる。こんな考えも聞いた事が無い。しかし、単に私が知らないだけかもしれない。

ネットで調べてみた。食物連鎖について世界中の学者がどんな風に認識しているかについてである。いつものようにウィキペディアから引用する。

『食う・食われるの関係をたどっていくと、ある一定の場所の生物間に、1つの鎖状の関係を見いだすことができる。これを一繋がりの鎖として取り出したとき、食物連鎖と呼ぶ。このような関係を結ぶためには、関係する生物が同じ場所に所属しているはずで、つまり、食物連鎖は生物群集の中の構造の一つだと言える。』

『この連鎖において、一般に、下位のものほど生物量が多い傾向があり、連鎖の順に個体数を棒グラフ表示すれば、上にゆくほど小さくなり、ピラミッド型になる。これを生態ピラミッド（Ecological pyramid）という。』「食物連鎖 」（2022年11月29日（火）08：47 UTC の版）『ウィキペディア日本語版』

この生態ピラミッドの一番下には大抵の場合生産者としての植物が入る。そして、植物以外の場合について次のように記述があった。

『菌のついた枯葉をトビムシが食う→タンパク質に富んだ菌の細胞が消化吸収され難分解性の成分が糞として排泄される→トビムシの糞にまた菌がつき繁殖する→菌がついたトビムシの糞を再びトビムシが食う……

というループ状のサイクルによって植物遺体の主成分であるセルロースやリグニンが分解されていく過程も重要である。これらを総合して腐食連鎖（デトライタス・サイクル）と呼び、生きている植物を食べることから始まる食物連鎖、即ち生食連鎖（グレイジング・サイクル）とともに食物連鎖の2大潮流を形作っている

腐食連鎖は水中生態系でも、植物遺体が大量に流れ込む干潟やマングローブ林、アマモ場などにおいて非常に重要な役割を果たしている。』「食物連鎖」（2022年11月29日（火）08：47 UTCの版）『ウィキペディア日本語版』

やはり、食物連鎖の始まりには植物、あるいは菌類などの生物の働きが重要だと考えられているようだ。しかし、この考え方だけでは深海生物の食物連鎖の始まりを説明する事はできない。深海には分解者としての菌類が居ないからだ。そして、イワシの大群がどのようにして成長してきたかを説明する事もできない。何故なら、植物遺体が大量に集積する場所もその植物を分解する菌類も海洋中には居ないからである。太古の昔に分解された有機物なら、南極大陸周辺の海底にはある。陸地周辺の海水中には川によって運ばれた有機窒素を含む有機物が豊富にある。有機窒素を含む有機物だけで発生を繰り返す生き物が海水中に居るなら、大群で泳ぐイワシなどの魚類が生活する生態系では有機窒素を含む有機物が植物連鎖の始まりだという事になる。

蚊は少量の水がたまっている場所があるならすぐに発生する。ボウフラは蚊の幼虫だが、水に溶け込んだ有機物だけで生きていけるかもしれない。ボウフラの発生に必要な有機物を与えるだけでボウフラが蚊になるなら、食物連鎖の始まりは有機窒素を含む有機物だけで十分だという事になる。この事も簡単な実験で確認できる。

土壌昆虫の中にトビムシという生物が居る。とても小さい動物だけれど、土壌に含まれて居る有機物だけで発生を繰り返す事ができるかも知れない。ミミズは土の中で生きている。ミミズも土に溶け込んだ有機物だけで生きているのだろう。土壌に溶け込んだ有機物だけで生きていける昆虫類を土壌昆虫と呼ぶのなら、有機物だけを吸収して生きる動物は無数にいるという事になる。

有機窒素を含む有機物が全ての生命の元になっていると考えるなら、海洋で生きる魚類の命を支える有機窒素も元をたどっていくと、必ずしも光合成をおこなう植物プランクトンである必要はなく、海洋水に溶けている有機窒素を含む有機物で十分だという事になる。そして、海洋水に溶けている有機物が魚類を育んでいるとした場合、有機物がたくさんたまっている所は南氷洋、あるいはグリーンランド周辺の深海だけとは限らない。何故なら、有機物は川からも絶えず運ばれて来るからである。

川によって運ばれる有機物の元をたどってゆくと、陸地の森林で作られる腐葉土である。

豊かな森があるなら、腐葉土からしみ出した有機物は絶えず海へと供給される。腐葉土に含まれている有機窒素が雨によって溶け出し川によって海へと運ばれる。大量の有機窒素が溶け込んだ海水の流れ着く先は陸地周辺の海水に限られる。
　すると、全ての魚は陸地周辺に流れ込んだ有機物に頼って生きているという事になる。他の生き物はどうだろうか。
　例えば、ズワイガニ、タラバガニ、タカアシガニ。それらのカニは底生動物である。底生動物とは海底を這うようにして進む生き物の事で、大きく移動する事はない。活発に動き回って餌を捕食している風にも見えない。
　ズワイガニについて調べた。

『日本の山口県以東の日本海と茨城県以東からカナダまでの北太平洋、オホーツク海、ベーリング海に広く分布する。水深50-1,200mの砂泥底に生息し、水深200〜600mの深海と水温0-3℃の水域を好む。』「ズワイガニ」(2023年3月7日(火)09：56 UTCの版)『ウィキペディア日本語版』

　次にタカアシガニについて調べた。

『生息域は岩手県沖から九州までの太平洋岸で、東シナ海、駿河湾、土佐湾である。まれに三河湾や伊勢湾で漁獲されたこともある。日本近海の固有種と言われていたが、1989年に台湾の東方沖で見つかっている。水深150-800mほどの深海砂泥底に生息し(特に水深200-300mに多い)、春の産卵期には、水深50m程度の浅いところまで移動して産卵する。』「タカアシガニ」(2023年5月6日(土)04：57 UTCの版)『ウィキペディア日本語版』

　2種類のカニが住んでいるのは大陸周辺である。そして、光の届かない200m以上の深海底に棲んでいる。砂泥底に植物遺骸はない。菌類も居ない。動物の遺骸が落ちてくるのを待って食べているかも知れないが、砂泥底と呼ぶぐらいだから餌が豊富にあるとは思えない。

もし仮に、土壌に有機物が含まれて居るように、深海泥に有機物が吸着されていたとしたら、泥を食べる事で有機物を摂取できる。もちろん、その有機物は絶えず川から運ばれる。有機窒素を含む有機物が沈殿物のように海底に沈み込み、泥に吸着している事が確認されれば、深海に棲むカニとかオオグソクムシなどの生き物は餌が豊富でなくても陸地周辺の海底で生きる事ができる。そして、200m以上の深海が海流の影響を受けない場所なら、有機窒素を含む有機物は沈殿物のように同じ場所にたまり続け、カニによって利用され続ける事になる。

ズワイガニもタカアシガニも動きはとても緩慢である。限られた餌を奪い合って生きているようにはとても思えない。

深海泥に有機物が吸着されるという考え方は今までに無かったはずである。しかし、深海泥を持ち帰って調べれば簡単に確認できる。一度調べてみたらどうだろうか。

ウナギの完全養殖

次にウナギについて考えてみた。

ウナギの稚魚はある大きさになると海から川へ戻って来る。そのウナギの稚魚をシラスウナギと呼び河口で待ち受けてその稚魚を捕獲する。捕獲されたシラスウナギは高値でウナギ養殖業者に買い取られる。現在日本国内で消費されるウナギはほとんどが養殖ウナギである。

ウナギを養殖する為のシラスウナギは現在そのほとんどを海外から輸入している。ウナギの産卵場所も不明だし、孵化した稚魚が何を餌にしているかが分からない。だから、まだウナギの完全養殖ができていないのでシラスウナギを海外から輸入せざるを得ない。

ウィキペディアでウナギ養殖の現状を調べた。

『ウナギの人工孵化は1973年に北海道大学において初めて成功し、2002年には三重県の水産総合研究センター養殖研究所（現「増養殖研究所」）が仔魚（幼生）をシラスウナギに変態させることに世界で初めて成功した。しかし人工孵化と孵化直後養殖技術はいまだ莫大な費用が掛かり、成功率も低いため研究中で、養殖種苗となるシラスウナギを海岸で捕獲し、成魚になるまで養殖する方法しか商業的には実現していない。自然界における個体数の減少、稚魚の減少にも直接繋がっており、養殖産業自身も打撃を受けつつある。』「ウナギ」（2023年6月7日（水）11：30 UTCの版）『ウィキペディア日本語版』

ここで、ウナギの産卵場所が有機物を吸着した深海泥地ではないかという発想が浮かんだ。

もし私の考えが正しいなら、人工孵化には高い酸素濃度の環境が必要だ。なぜなら、圧力の高い深海には酸素がたくさん溶け込んでいるからである。次に、孵化して間なしのウナギの幼生は口から餌を食べるのではなく、ボウフラのように、海水に溶けている有機物を摂取して育っている事になる。ウナギの産卵場所も日本近海の有機物を多く含んだ深海泥地である可能性が高い。

すると、成長に必要な有機窒素を含む有機物をうまくブレンドして与えるだけで幼生をシラスウナギにまで成長させることが可能かも知れないという事になる。

ウナギの幼生が口から食べるという発想にこだわって、何を与えても食べない状況を失敗だと判断しているだけなのではないだろうか。鮫の卵をすりつぶして与えたという記述があった。そもそも、ウナギの幼生がタンパク質を分解できないのであれば、すりつぶした鮫の卵は食料にはならない。吸収できるのが有機窒素を含む有機物だけなら、タンパク質を与えても、ウナギの幼生は飢え死にするしかない。そして、元々、深海泥地にタンパク質は落ちていないし豊富な餌もない。ウナギの幼生はタンパク質を分解できるようになってから川を遡上すると考えるべきだろう。

この事も、最近の科学技術の進歩を考えると、遺伝子解析の手法でウナギの幼生にタンパク質分解酵素が無い事が確認できれば明らかになるだろう。魚類を含む他の海生生物についても同様である。孵化して間なしのズワイガニの幼生も魚類も、タンパク質を分解できないのであれば、有機窒素を含む有機物がたっぷり溶け込んだ深海泥の付近で大きくなるしかない事になる。

海流の影響を受けない深海ならば、有機窒素を含む有機物は沈殿物のようにゆっくりと静かに沈み込み、海底に豊富に存在すると考えられるからである。今までにこのような考え方は無かっただろう。

一度、これまでの発想を転換させて完全養殖に取り組んでみたらどうだろうか。うまくいけば儲けものである。

もし、この発想の転換でウナギの完全養殖が達成されたとすれば、世界中の学者が発想の転換を迫られる事になる。私にとってこれほど痛快な事はない。発想を少し変えるだけで解決される事がいくつもあるなら、発想の転換こそがとても重要な事だという事になる。私の考えが正しいなら、ズワイガニの完全養殖も可能である。その他の海生生物についても完全養殖の技術が飛躍的に進歩する事になる。70歳を超えた老人に新しい発想を産む力があるなら、若者を含めてもっと多くの人が新しい発想を産み出す事ができるはずだと私は考えている。

この考え方が正しいなら、森林の減少は海洋生物の減少にも直結する事になる。つまり、海へと流れ込む有機窒素が魚類を育み大きくしているなら、有機窒素を含む有機物の流入量以上の魚を捕獲して食べてしまえば漁獲量が減少する事になる。事実全ての魚種が共通して漁獲量の減少が起きている。もしかすると、真っ先に消費し尽くすのは海洋に住む魚かも知れない。

シラス漁について

面白い事に気が付いた。それは、私が毎朝必ず食べているシラスについてである。

子供の頃、シラスの中にタコが入っているのに先ず驚き、よく見ると、いろんな形の幼魚が混ざっているのに気が付いた。細長い物もあった。カニもあった。これは何だろうと、幼い頃に一つ一つ分けて並べて想像した事を思い出したのである。

何気なく食べているシラスの中身が昔とは随分変わってしまって居る事に、今気が付いたのである。何故変化したのだろうか。スーパーで売っている物はどれも均一な物ばかりだ。見栄えを良くする為にタコの幼生などの雑多な幼魚を取り除いているのだろうか、それとも、漁法そのものが変わったのだろうか。そもそもシラスとは何だろうか。

シラスについて調べた。

『シラス（白子、英：Whitebait）とは、イカナゴ・ウナギ・カタクチイワシ・マイワシ・ウルメイワシ・アユ・ニシンなど、体に色素がなく白い稚魚の総称。』

『これを塩ゆでにして干したものは、ちりめんじゃこ、白子干し（白子乾し）などと呼ばれる。』「シラス」（2023年5月9日（火）11：17 UTCの版）『ウィキペディア日本語版』

イワシ、ニシン、イカナゴなどの群れを成して泳ぐ魚が多い事が分かる。ウナギ、アユは例外である。ウナギが深海で卵を産み、孵化したウナギの幼生が深海に溶け込んだ有機物で成長してシラスウナギになるのではないかという推論を私は立てた。しかし、アユの幼生までシラスに含まれて居るのは意外である。アユは淡水魚だと思っていたからである。もしかすると、アユの産卵場所も深海である可能性が出てきた。

続けてこんな記述があった。

『ただ、捕獲方法の都合（シラス網と呼ばれる網を打って捕獲する）にもより、様々な魚の仔稚魚が混入することも珍しくない。このため時には魚類だけではなくタコやイカの幼生やエビやカニのゾエア幼生（動物性プランクトンの一種）なども混入する。』「シラス」（2023年5月9日（火）11：17 UTCの版）『ウィキペディア日本語版』

子供の頃に食べたシラスに比べて、最近のシラスにはタコなどの雑多な種類の幼魚、又はカニなどの幼生が少ない事に気が付いたのである。捕獲せずに放置すれば、それぞれの幼魚、又はカニなどの幼生が大きく成長するであろう事を想像すると、これは資源保護という観点から見て決して良い方法でない、と毎朝シラスを食べている私が思った。

子供の頃に比べて、シラスを構成している魚種が少なくなったのであれば、多くの種類の魚が日本近海で絶滅の危機に瀕しているという事である。シラスの中にタコの幼生がほとんど見られなくなったのであれば、日本近海でタコが激減しているという事になる。だから、現在アフリカからタコを輸入している。

日本近海が豊かな海である事を望むなら、シラス漁法は禁止すべきだろう。禁止できないのであれば、大きく制限する必要がある。そもそも、外国ではシラスを食べる習慣など無いのではないだろうか。シラスを食べる事の是非についても議論した方が良い。

シラス漁はレーダーを使って魚群探知をし、目の細かい網を使って一斉に幼魚を捕獲する方法である。すると、ある深さの場所にはタコやイカの幼生を含む色んな幼魚たちが群れを成して生きているという事だ。彼らが深海泥付近に溶け込んでいる有機窒素を求めて同じ場所で生きているなら、私の考えを裏付ける証拠になる。つまり、深海泥に有機窒素を含む有機物が大量に含まれて居る事が証明され、次いで、シラスが深海泥に含まれて居る有機物を頼って生きている事が証明される。

シラス漁が近海のどの深さのどの場所で網を仕掛けているのかを調べたのだが分からなかった。しかし、1回の網で多くの種類の幼魚を纏めて捕獲できるのであれば、捕獲した幼魚たちが同じ場所で群れて生活している事は明らかである。その場所が、ある一定の深さの深海泥が大量に堆積している場所なら、孵化して間なしの幼魚たちは南氷洋のオキアミのように、海水に溶け込んだ大量の有機物だけで育つ事ができるという事になる。すると、イワシ、ニシンなどの群れを成して泳ぐ魚の産卵場所は深海泥が分厚く堆積する深海だという事になる。

シラス漁は近海で行う漁法である。私の考えが正しければ、多くの魚は孵化して間なしの間、深海泥に含まれて居る有機物を吸収して大きくなる。その有機物の元を正せば森林の根元にある腐葉土である。詳しく言えば、有機物を吸着した泥である。泥は海へ流れ込んでもすぐには沈まない。日本近海の、海流の影響を受けない、ある深さの所まで流れて行って静かに沈殿する。そして、多くの海生生物のゆりかごになる。こんな考えも聞いた事が無い。

海の面積は陸地より広い。その海には取り尽くせないほどの大量の魚が住んでいると多くの人が考えているかも知れないが、これは誤りである。大洋の真ん中にある海水中に含まれる有機窒素はほぼ0である。

海での食物連鎖の始まりは植物プランクトンだと、私は永い間思っていた。しかし、生命にとって必ず必要な有機窒素が含まれて居ない海水中で植物プランクトンが大量に発生する事はない。何故なら、タンパク質を作る為には有機窒素が必ず必要であり、大洋のほとんどの場所には有機窒素が無いからである。すると、植物プランクトンを餌にしている動物プランクトンも動物プランクトンを餌にしている小魚も大洋の真ん中で生きていく事ができないという事になる。

そもそも、孵化して間なしの幼魚たちがプランクトンを口から食べて大きくなるという考え方そのものが怪しい。

私は永い間、植物は光の当たる場所であれば二酸化炭素と水だけで生きていけると錯覚していた。光合成の働きにばかり目が行っていたからである。しかし、植物も光合成だけで生きていく事はできない。なぜなら、タンパク質を作る為には窒素化合物が必要だからである。

クジラの事、ウナギの事、イワシのように群れを成して泳ぐ魚の事を考えていて、植物を含む全ての生物が成長する為に有機窒素が必ず必要だという事にやっと気が付いたのである。そして、有機窒素を含む有機物さえ豊富にあるなら、孵化して間なしの幼魚が成長する為に、植物プランクトンも動物プランクトンも必要ないという事に気が付いたのである。

何故なら、光の当たらない深海に植物プランクトンは居ない。そして、おそらく、動物プランクトンも深海には居ないのではないだろうか。タンパク質を分解できるまで育ったシラスウナギとアユはたんぱく源を求めて川を遡上する。同じく、イワシなどの群れを成して泳ぐ魚は幼魚になった後に、プランクトンなどの口から食べる餌を求めて集団で回遊する。

深海でじっとしている事の多いズワイガニについても、孵化して間なしの幼魚達についても、餌の少ない深海泥地で成長できるのだから、深海泥地には有機窒素を含む有機物が豊富にあるという事になる。口から餌を食べるのではなく深海水に溶けている有機物を吸収するだけで成長する事ができる、と解釈すると全ての話がつながってくる。

エビの体を調べると、消化管は1本の管に過ぎない。恐らく、カニについても同じだろう。消化する組織があまり発達していないエビ、カニの仲間は主に海水に溶けている有機物が食料になっているのだろう。ウナギも幼生の間は口から餌を食べない。ほとんどの魚類も孵化してしばらくの間は口から餌を食べないのではないかと私は思っている。この考えが正しいとすると、全ての魚類の産卵場所は有機窒素を含む有機物が海水に多く溶けている限られた場所だという事になる。そして、その場所は陸地近辺に限られる。

すると、いくら広くても大洋のほとんどの場所が、海水中に有機窒素が含まれていない以上、魚類にとって命を育む事のできない砂漠のような場所だという事になる。人類はその事にも気が付くべきである。

70億人の人間が週に1匹の魚を食べるなら、毎日10億匹の魚が消えていく事になる。毎日10億匹の魚に含まれる有機窒素を人類が消費している事になる。魚に含まれる有機窒素の元をたどれば、過去に植物が取り込んだ有機窒素なのである。石炭、石油と同様に有機窒素も限り有る資源だと考えるべきなのである。すると、無限にいると思われている魚も、大陸周辺の深海に溶け込んでいる有機窒素に依存して生きている以上、限りある資源だと考えるべきなのである。

近年サンマの漁獲量が減っている。サンマが獲れなくなった理由として、サンマが回遊するコースが変わったと考える人が居る。その理由として海水温の上昇とか、海流の変化を挙げる人が居る。サンマの数が減ったとは考えないようである。何故だろうか。

かつて北海道ではニシンが大量にとれた。数の子を取り出した後の魚は肥料として使われた。ニシンで大儲けをした漁師はニシン御殿を建てた。しかし、今ではほとんどニシンが獲れない。何故獲れなくなったのか、その理由を考えようとしない。

海は広いから魚は取り尽くせないほど大量に泳いでいると勘違いしているのである。とんでもない勘違いである。深海に溶けている有機窒素が限りある資源なら魚も限りある資源なのである。

金儲けの為にすさまじい勢いで魚類を捕獲し、食料として食べ続けている現状にも目を向けるべきだと私は考えている。

大型船の普及で漁獲量が増えた。冷蔵、冷凍技術の発展で必要とされない量の魚を現金化する目的で捕獲するようになった。飽食の時代に生きる人間たちが必要以上に魚を取り続けて無駄に消費しているのである。豊漁は喜ばしい事と一般的に受け止められがちだが、魚類にして見れば大虐殺なのである。孵化して間なしの幼生までシラスとして大量に捕獲して食べてしまうなら、成魚の漁獲量が激減するのは当たり前である。

日本の漁業を守りたいのであれば、先ず、シラス漁を中止すべきである。稚魚を放流して漁場を保護するという発想もあるが、稚魚を放流しなくても、深海泥地には多くの幼魚がシラスとして育っている。シラス漁を中止すれば、ほったらかしでも漁獲量は増えるだろう。シラスウナギもシラス漁の影響で激減したのだろう。シラス漁を中止すれば、たくさんのシラスウナギが日本の川に戻って来るかも知れない。より多くの魚種について漁獲量を上げたいと思うのなら、シラス漁を即刻中止すべきである。

干潟

NHKのテレビを見ていて、干潟に生きるカニの映像を見た。小さなカニがせっせと泥を食べていたのである。以前にも見た事があるのだが、その時には何気なく見ていて深く考えた事が無かったのだろう。しかし、今はその時とは全く頭の中の思考回路が違っている。

続けてある映像が頭に浮かんできた。干潟で生きるムツゴロウの映像である。泥だらけの干潟と呼ばれる浅瀬にはムツゴロウという魚が住んでいて、泥を食べて生きていた。泥を食べて生きる生物が深海だけではなく干潟にも居る事に気が付いたのである。干潟について調べた。ウィキペディアから引用する。

『干潟は、細かい砂や泥がある程度の面積で堆積した潮間帯である。一般に河川や沿岸流によって運ばれてきた土砂が、海岸や河口部、ラグーン（潟湖）に堆積することで形成される。運ばれた土砂は水流が激しい場所では流されてしまうため岩礁や砂浜になるが、水流・波が弱い場所では堆積する。したがって、干潟は内湾の奥や大きな河川の河口域によく発達する。日本では九州・有明海周辺に大規模なもの（干出面積20,713ha、1990年）が見られる。』「干潟」（2023年4月17日（月）03：05 UTCの版）『ウィキペディア日本語版』

続けてこんな記述があった。

『基底は粒径が、2mm以上のものを礫、2～0.2mmのものを粗砂、0.2～0.02mmのものを細砂、0.02～0.002mmのものをシルト、0.002mm未満のものを粘土と呼ぶ。構成している土砂の粒径によって砂質干潟と泥質干潟に分けることが出来る。主に細砂で構成される砂質干潟にはマテガイ・アサリ・シオフキなどが生息し、特に漁業対象種であるアサリについては、漁獲量の減少が問題となっており、アサリの漁獲量復活を狙った干潟再生の試みも見られる。一方、主にシルトで構成される泥質干潟にはアナジャコやゴカイ類など魚や鳥のエサとなる生物がそれぞれ生息している。』「干潟」(2023年4月17日(月)03：05 UTCの版)『ウィキペディア日本語版』

干潟には多くの生き物が住んでいるのだが、彼らは主に泥を食べて生きている。単に泥だけで生きていけるわけがない。泥に吸着された有機物をせっせと食べていると考えて良いだろう。すると、深海にまで潜って深海泥を採取しなくても、干潟の泥を持ち帰って有機物が泥の粒に吸着している事を確認すればよいという事になる。

その有機物を吸着した泥は川によって運ばれてくるのだから、元をたどっていくと腐葉土にたどり着く。すると、干潟に生きる多くの生き物は上流にある豊かな森林が作り出す有機窒素が無ければ生きていけないという事になる。アサリの漁獲量が減った原因を考えるなら、上流の森林が減った事が原因だという事になる。あるいは、森林によって供給される有機物量を超えてアサリを捕獲してはいけないということになる。豊かな海には豊かな森林が必要なのである。豊かな森林を大切にしなければならないという事である。

縄文人たちの生活スタイルが浮かんできた。アイヌの人々の考え方も同じだろう。自然の恵みに感謝して、自然から与えられる以上の恵みを望んではならない。豊かな海を取り戻したいなら、豊かな森林を伐採するのではなく守る事に専念するべきだろう。

ここでもシルトという言葉が出てきた。砂でも粘土でもない大きさの粒を、何故、わざわざシルトと呼んで分ける必要があるのだろうか。これも謎である。

土砂の中でシルトの大きさの粒が最も多くの有機物を吸着しているのではないだろうか。有機物を多く吸着しているシルトがアナジャコやゴカイ類などの生活を支え、それらを餌にしている小魚、鳥類の生活を支えていると認識したから、西洋の学者達がシルトを特別扱いしたのではないだろうか。

シルトという言葉は石油の項で出てくる。シェールオイルの説明の中で、頁岩層に石油成分が含まれて居るという事だった。頁岩はシルトが固まった堆積岩だ。

（シルトについて考えていて、石油がどのようにして作られたのかが分かった。詳しくは石油の由来の項目で述べる）

全ての生き物にとって窒素がとても重要な元素だという考えに基づいて謎を解き、考えを推し進めていくと、このような考えにまでたどり着いた。

全て私の頭の中だけで作りだしたSFである。しかし良くできている。作り話として上々の仕上がりである。

酸素の行方

このように作り話を紡いでゆくと、海水は過去に陸上植物が作り出した膨大な量の酸素を吸収していた事になる。そして、深海には地球の引力によって引き寄せられた酸素が沈殿物のようにたくさんたまっているという事になる。シロナガスクジラとマッコウクジラの主な生息場所が深海にあるなら、ダイオウイカが深海で生き残っている事と合わせてその事の証拠になり得る。シーラカンスの生息場所が深海なら、シーラカンスだって証拠の一つに加える事ができる。深海には多種多様な生物が暮らす酸素濃度30%の生態系があるという結論になった。

そして、大気の酸素濃度が15%以下になって陸上生物が全て滅んだとしても、人類の影響を考えないなら、深海生物が滅びる事はないという事になる。何故なら深海には膨大な量の酸素が溶けているからである。栄養源として大量の有機物が南極大陸とグリーンランド周辺の海底に溶け込んでいるからである。水深300mの深海の圧力は、10m毎に1気圧増えるのだから30気圧である。深海では30倍の酸素が水に溶けている。だから、深海にすむ動物は酸素に不自由しない。深海の生態系は深海に溶け込んだ大量の酸素と極地近くの海底にある大量の有機物、そして、陸地から流れ込んだ大量の有機物によって守られ、滅びる事が無いという事になる。

では、深海に溶け込んだ膨大な量の酸素はいつ頃から蓄積され始めたのだろうか。

その事は古生代末期の大絶滅から窺い知る事ができる。仮に古生代末期に大量の酸素が深海水に溶けていたなら、古生代を代表する三葉虫はダイオウグソクムシのように深海へと移動して現代まで生き残っていたはずである。最後まで生き残った三葉虫さえ絶滅してしまった、という記述があった事から推測すると、古生代末期の頃、深海水には豊富な酸素が無かった。多くの海生生物が棲んでいた海水中の酸素量が少なくなったので絶滅したと考えるべきだろう。

古生代の初めの頃、大気中の酸素量が少ないのだから、海生生物が生きていたのは、より酸素の少ない深海ではなく、光の当たる浅瀬に限られていただろう。何故なら、当時、全ての生物は植物が作る少ない酸素と少ない有機窒素に頼って生きていたからである。植物は雷雲の働きで作られた窒素酸化物が無ければ生きていけない。窒素酸化物は雨水に溶け、川に運ばれて海へ流れ込む。古生代の頃に絶えず窒素酸化物が安定して供給されるのは河口付近の浅瀬だけだったという解釈だ。

しかも、石炭紀、ジュラ紀に入ってシダ類が大繁殖したとしても、その頃には菌類の多くは登場していない。したがって、枯れ葉が菌類によって分解されていないのだから、川から流れてくる有機窒素はとても少ない。全ての海生生物はその少ない有機窒素に頼って生きていたと考えるべきだろう。

植物プランクトンが限られた浅瀬でしか生きられないのであれば、絶滅ストーリー後半に入って、大気中の酸素濃度が下がれば浅瀬の海中に溶け込んでいる酸素濃度も下がる。限られた浅瀬に棲む海生生物にとって酸素濃度の低下と酸素量の減少は致命的である。海水中に2倍量酸素が溶けていたとしても、限られた浅瀬でしか生きられない生物は酸素の奪い合いになる。海水中でも、高い酸素濃度に合わせて進化した海生生物から順に絶滅する事になる。

やはり、中生代に栄えた陸上植物の森林量が古生代に栄えた陸上植物の森林量をはるかに上回る量だとする私の考えが正しいのではないだろうか。古生代の4.5倍の森林と石炭、そして、大量の酸素と有機窒素が中生代に作られた。そして、中生代の終盤になって深海は大量に溶け込んだ酸素と、菌類によって分解された大量の有機窒素で満たされた。だから大型クジラは酸素と有機窒素が大量に溶け込んだ深海で生き残る事ができた。深海に生きる多くの海生生物が豊かに暮らしていけるだけの生態系が中生代終盤になって形作られた。

古生代の頃には、まだ深海で生きていけるだけの十分な酸素と有機物が無かった。だから、浅瀬でしか生きられない生物が一斉に絶滅したという解釈だ。

限られた浅瀬で多くの生き物がまとまって生きていた、という発想は石灰岩の分布図から浮かんできた（P78）。北米には石灰岩が2本の帯状に分布している地域がある。そして、その2本の帯はほぼ平行に並んでいる。

平行に並んでいるのは、石灰質の殻を持つプランクトンの発生する場所が、時代によって変化したからだろう。帯状に分布していたのは、プランクトンの発生する場所が大陸の辺縁部に限られていたからだろう。帯に幅があるのは数千万年の間に海面の上昇と下降が起きたからだろう。すると、その海域は大陸辺縁部の浅瀬だろう。

その大陸辺縁部の浅瀬には、雷雲の働きによって陸地で作られた有機窒素が川の水と共に常に流れ込んでいたのだろう。プランクトンが大量に発生する場所には、その有機窒素を利用する大量の植物プランクトンと大量の海生動物がまとまって生活していたはずである。その場所は有機化合物をほとんど含まない海水で満たされた大洋の真ん中ではない。

この発想は現在の生き物がどのようにして有機化合物を入手

しているのかという解釈にも応用している。つまり、全ての生き物は雷雲の働きによって作られた窒素酸化物に依存しているという発想だ。

古生代に酸素量と窒素量が少なかった事は酸素濃度が35%にまで一気に上昇した事からも説明できる。中生代より少ない木性シダ森林が繁殖しただけで酸素濃度が35%にまで上昇したのだから、古生代では、絶滅ストーリー前半の窒素量も少なかったと考えるべきだろう。窒素が森林の沈み込みによって作られるなら、森林の石炭化が進んでいない絶滅ストーリー前半に窒素量が少ないのは当然の事である。

古生代の末期に酸素量も窒素量も中生代の4.5分の1位だったと考えると、木性シダが絶滅した後で生き残った動物たちが数千万年間酸素を消費し続ければ、ほとんどの生物が絶滅したのも理解できる。それも、海生生物の大半が生きていた場所が有機窒素の少ない大海原ではなく、限られた浅瀬でまとまって生きていただろう事を想像すると、理解できるのである。古生代の頃も大海原が生物にとって砂漠のような不毛の地であっただろう。

酸素濃度変化グラフを元にどのように計算しても窒素の放出量の方が多くなった。酸素の放出量の方が多いはずだと私は思っていたので、その計算結果をとても不思議な事だと思っていた。しかし、海水が吸収していた酸素量が膨大な量ならその謎が解けた事になる。

大気は全て植物の光合成と窒素同化の働きによって作られたと私は考えている。その割合は1個の細胞が同化する炭素と窒素の割合に等しく、光合成によって放出され酸素の割合に等しい。細胞内の炭素、酸素、窒素の割合が13対7対4なら、放出される酸素と窒素の割合は7対4になるのではないか、と何となく私は思っていた。

根拠など何もない。直感である。だから、計算の結果、窒素の放出量が多くなった事に驚いたのである。しかし、深海に膨大な量の酸素があるのなら、納得できる。では、その酸素は陸上生物に役立っているのだろうか。陸上生物が利用できる酸素なのだろうか。

深海にある酸素が空気中に放出される事があると仮定して、その放出速度が地上での酸素消費速度を上回るのなら、陸上生物は絶滅を免れる。しかし、酸素消費速度が放出速度を上回るなら、そして、地球の引力が深海にある酸素を手放そうとしないなら、大気中の酸素量は地上での酸素消費量に影響される。

単純に酸素の行方だけを考えるなら、もう一つ付け加えなければならない事がある。それは石灰岩に含まれている酸素の事である。石灰岩は二酸化炭素とカルシウムが化合してできた物質だが、二酸化炭素は炭素と酸素の化合物である。膨大な量の石灰岩が地下に眠っているのだから、石灰岩には大量の酸素が取り込まれている事になる。

二酸化炭素が動物の働きでできた気体だと考えると、二酸化炭素に含まれる酸素の元をたどれば植物が行った光合成に行き着く。

光合成の時に放出される酸素と石灰岩に含まれる酸素がどのようなつながりを持つのか、私の頭では判断できない。しかし、石灰岩の量が膨大な量になるのだから、酸素の行方の一つに加えても良い気がする。

生物の働きで、酸素と窒素が7対4の割合で放出されているのではないかという漠然とした考えを元に、酸素の行方を追い求めた結果、窒素の2倍量近くの酸素の行方は大気と深海と石灰岩という事になった。

木星の衛星エウロパの世界

またとんでもない考えが浮かんできた。ここから先の話は金輪際確認する事ができない世界の話なのでSFの世界と言って良いだろう。

エウロパには窒素と水があるという。これまでの私の考えが全て正しいなら、エウロパには地球と同じ進化の道を歩んできた生物が今も生きているかも知れない、という事になる。しかも、大気が窒素だけで埋め尽くされているなら、未来の地球の姿かもしれないという事になる。

そのような考えに至った一つ目の理由として、窒素は一旦放出された後、生物によって利用される事なくたまり続ける気体だという事、二つ目の理由として、水と窒素が植物の働きで作られる物質だと認識するようになった事である。

地球で起きた事と同じ説明をするなら、エウロパに居る生物は、タンパク質のような窒素を含む物質で体を作っていたという事になる。植物が居たとして、その植物が数千万年もの間光合成と窒素同化を続け、遺骸が海底にたまり続けたとすると、遺骸の重みで地殻が下がり、高温高圧の条件下で窒素、水、が放出される。動物も居たとして、動物が放出した二酸化炭素は石灰化の結果、石灰岩が海底で生成されて窒素と水が放出される。どちらの場合も窒素と水が放出され増え続ける事になる。

光合成の結果放出される酸素の量は、地下深くの場所で放出された窒素よりも多いのだが、酸素は水に溶けやすく窒素よりも密度が大きいので、長い年月の間に、沈殿物のように海底にたまる事になる。

何回もの絶滅が繰り返された後で、海底のシルトに吸着された大量の有機物と海水に溶け込んだ大量の酸素で海生生物は滅びる事なく生き続ける。しかし、陸上では大気に占める窒素の割合の方が圧倒的に多く、大気中の酸素濃度が15%を超える事は二度とない。何故なら、窒素は一旦放出された後では生物によって利用される事なくたまり続ける気体だからである。

植物も動物も、陸上は全ての生物が生きていける世界ではなくなる。そして、植物は光を浴びる事ができる限られた浅瀬の海水中でしか生き残る事ができない。もしかすると、エウロパでは、植物は既に絶滅しているかも知れない。何故なら、大量に存在する窒素の影響で、光の当たる海面近くでは酸素濃度が常に15%を下回っているからである。

現在、エウロパの大気中に酸素が多くないのであれば、陸上は全ての生物にとって死の世界だという事になる。そして、海面近くでしか生きていけない植物が絶滅していたとすると、深海で生き残っていた動物たちも、シルトに吸着されたエネルギー源としての有機物と酸素を全て使い果たせば絶滅する事になる。そして、多くの生物が生きていた痕跡と、大量の窒素と水だけが残る事になる。窒素と水だけが大量に残っている衛星エウロパの現在と過去の様子を推理するとこんな筋書きになった。

木星は太陽になり損ねた惑星だという話をどこかで聞いた。仮に、数十億年昔の木星が太陽のように光を放つ時代があったなら、その時に、衛星エウロパに生命が誕生してもおかしくない。もしそうなら、衛星エウロパに棲んでいた生き物はとうの昔に滅んでしまったと考えるべきだろう。

エウロパの海に観測機器をぶち込んで映像を送る事ができるだろうか。送る事ができたとして、不思議な生物の姿が送られてくるだろうか。それとも、海底には巨大生物の骨があって、その一部が映像として送られてくるだろうか、などと想像する事は楽しい。

地球も、この後何度か絶滅を繰り返したとして、大気中にたまり続けた窒素の影響で大気中の酸素濃度が15%を超える事が無い時代に突入するような気がしている。まさに、エウロパが地球の未来の姿ではないだろうか。陸上生物が全て滅び、イルカのような知能の発達した哺乳類が海水中で生き残ったとしても、器用な手を持っていないので道具を作る事はできない。人間のように知識を蓄積する事ができないのだから、高度に発達した文明は起きない事になる。しかし、それで良い。人類が滅んだ後も、連綿と命が受け継がれ、地球が命溢れる世界として残るなら、それで良いではないか。さらに、その後10億年経った後に地球が生命の住めない星になったとしても仕方がない。

全ての生き物にとって欠かす事のできない有機窒素が、雷雲の働きを待って植物にしか蓄える事ができない物質だとすると、植物が絶滅した後では、全ての生物は絶滅をまぬかれる事ができない。又、一から始めれば良いような気がするが、たまり続けた結果、膨大な量になった窒素ガスは呪われた気体のように生命の出現を拒む事だろう。

これまでの私の考えが全て正しいのなら、生物を何度も絶滅に追いやった真犯人は窒素である。窒素化合物が石灰岩のように、あるいはチャート、石炭のように固形物として地下に押し込められる事があるなら、全ての生物は絶滅をまぬかれる。しかし、エウロパのように窒素だらけの星が地球の未来の姿だとすると、酸素を仲立ちにしている全ての生命はいつか滅びる運命だという事になる。

このような考えを推し進めると、わずか2～300万年ほどの間に、まるで打ち上げ花火のようにドンと鳴って消えてしまう人類のような知的生命体は、宇宙のどこを探しても居ないという事になる。

酸素、窒素、二酸化炭素、水さえも全て生物由来の物質だと考えて生命の歴史を推理してゆくと、このような結末になった。特に窒素が全ての生物にとって欠かせないとても重要な元素である事に絞って過去の出来事を調べ直して行くと、生命の歴史を今までとは違った角度から明らかにする事ができた、と私は思っている。

石油の由来

まとめの段階に入って、とんでもない考えが浮かんできた。閃いたと言って良いだろう。今までの話が全て正しいとすると、石油がどのようにして作られたのかが、やっと分かったのである。

石油は黒色頁岩の層と共に産出する。頁岩はシルトが堆積した堆積岩である。シルトは泥より大きく砂より小さい粒である。ズワイガニが住む深海には深海泥が堆積している。ズワイガニは深海泥に吸着された窒素化合物を含む有機物を食べて生きていると私は解釈した。ウナギの稚魚も多くの小魚も孵化して間なしの間は深海にある有機物を吸収して大きくなるのではないかと私は思っている。

深海泥には窒素化合物を含む有機物がたっぷりと吸着されていると考えて良いだろう。その深海泥が大量に分厚く堆積し、地下深くに押し込められたとしたら、高温高圧の条件下で有機物を多く含む未固結の黒色頁岩ができる事になる。黒色に変化した有機物が分離すると石油になる。地層が力を受けて変形し、褶曲して山のような構造になれば石油が上部に集まってきて油田になる。

深海泥に吸着された有機物の元をたどれば陸地に生える植物である。落ち葉が菌類によって分解され、大量の有機物になって川に運ばれ海へ流れ込む。もしかすると、大量の有機物は木の根元にある頃、既にシルトに吸着されていたかも知れない。この事も持ち帰って調べればわかる事である。シルトに有機物が吸着されやすいのだとすると、有機物を吸着したシルトは川によって運ばれ、海に流れ込んで数百万年もすれば海底に分厚く堆積する事になる。同じ理屈で、干潟も同じ環境が数百万年続けば石油ができる事になる。このように考えていくと、海底に油田がある事も何ら不思議ではない。

ジュラ紀、白亜紀は古生代と違って菌類の働きが活発だった。菌類によって分解された大量の有機物がシルトと一緒に遠くへ運ばれ海底に沈殿する。陸上で石炭が作られるように、海底で石灰岩が作られるように、大量の有機物を吸着したシルトが分厚く堆積すれば黒色頁岩と共に石油が作られる事になる。この事も実験で確認できる。深海泥、あるいは干潟のシルトを採取し、無酸素、高温高圧の条件下で黒色の有機化合物が作られる事を確認すればよい。もし、この実験が成功すれば石油の由来が解明された事になる。そして、いくつもの事が一気につながって明らかにされる事になる。

1. シルトなどの粘土鉱物に有機窒素が吸着されている事。
2. 有機窒素を吸着した粘土鉱物が川によって運ばれ大陸辺縁部の深海に堆積する事。
3. 深海に堆積した有機窒素がオキアミ、ズワイガニなどの生物の栄養源になっている事。
4. 深海に堆積した有機窒素が、シラスウナギ、イワシ、鯛等の幼魚が孵化した後の栄養源になっている事。
5. 深海に堆積した有機窒素がシロナガスクジラ、マッコウクジラなどの大型クジラを頂点とする深海生物の生態系を支えている事。
6. 南極大陸、グリーンランドの辺縁部の海底には、有機窒素を吸着した粘土鉱物が大量に堆積している事。

私がこれまで推理してきた全ての話が一気につながって証明される事になる。深海まで潜れる潜水艇を使って是非確認をお願いしたい。

世界中が驚くこと間違いなし、である。

全ての生物にとって有機窒素は欠かせない物質である。その有機窒素を体内で作る事ができるのは植物だけである。松が雷雲の到来を待って少しずつ成長したように、太古の昔から少しずつ植物によって蓄えられてきたのが有機窒素である。

その有機窒素を多く含む土壌が人間を含む多くの陸上生物の命を支えてきた。そして、粘土鉱物に吸着された大量の有機窒素は海底に堆積し、多くの海生生物の命を支えてきた。過去に分厚く堆積した有機窒素を含む粘土鉱物は、地下深くに押し込められて石油を生成する事になった。纏めの段階に入って全ての話がつながった。このつながった瞬間が実に楽しい。しかし、深海泥、あるいは干潟のシルトを採取して、有機窒素を吸着している事が確認されなかったとしたら、この思いは水泡に帰す事になる。

タカアシガニ、ズワイガニの動きは実に緩慢である。少ない餌を奪い合って生きているようには思えない。多くの動物が生きていくだけでも大変なのに、彼らは他の多くの生き物達と違って、あくせく生きている気が全くしない。生活臭が無いともいえる。こんな生き物がどのようにして生きているのかという、実にシンプルな疑いの目を彼らに向けてみた時に、深海泥に吸着された有機窒素のアイデアが浮かんだ。素朴な疑問が謎を解くカギになったのである。何事も子供のような素朴な疑問が謎を解く為の出発点だと言える。

私は当初、窒素を放出するメカニズムとして石炭を例に挙げた。しかし、石灰岩もチャートも石炭と同じように分厚く堆積し地下深くに押し込められている事を知った。そして、その量が膨大な量である事を知った。すると、地下深くに眠っている石炭量を大気中の窒素量から求めようとした考え方が誤りであった事になる。

大気中の窒素は石炭生成時だけではなく、石灰岩、チャートが生成される時にも発生していた。そして、中生代には菌類の活動が活発であったことを考えると、木の根元に堆積した葉の量も分解されて少なかっただろうし、分解された有機窒素の多くは海へと流されただろう。そして、石油になっただろう。すると、地下に眠っている中生代石炭から放出された窒素量は炭素量の30分の1よりもっと少ない事になる。

以上の事を加味すると、地下に眠っている石炭量が総石炭蓄積量の65倍という値も怪しいという事になる。元より想像だけで行った計算なので不確かな計算である事はいうまでもない。しかし、間違いが見つかったのであれば、その部分について正しておく必要があるだろう。4000年後に人類が滅びるという計算も怪しい。しかし、いくら化石燃料を燃やしても酸素は減らないという考えはもっと怪しいと私は考えている。

もう一つ閃いた事があるので、ついでに書き加えることにした。日本近海に眠る海底油田の話である。石油の由来が海底に分厚く堆積したシルト層なら、日本近海のシラス漁を行っている海域が海底油田の候補地になる。有機物を吸着した大量のシルトが黄河、長江によって運ばれ、日本の領海内に分厚く堆積している場所があるなら、そこを試掘すればよいという事になる。

私の考えが正しいのなら、この情報は国家間の紛争にまで発展しかねない極秘情報だという事になる。中国の人達に知られてはならない。なぜなら、その海底油田の元をたどっていくと、過去の中国に生えていた植物だからである。しかし、もめる事があったとしても私が死んだ後である事は間違いない。想像だけの世界だが、人がもめている様子を野次馬のように遠巻きにして眺めるような気分に、少し浸る事ができた。こんなささやかな楽しみも私一人が独占するのはもったいないと思って書き加えることにした。

5回の絶滅

最近の研究によると、永い生命の歴史の中で5回の絶滅があった事が明らかになっている。オルドビス紀、デボン紀、ペルム紀、三畳紀、白亜紀、それぞれの地質時代の末期に大きい絶滅があったらしい。

ペルム紀末期の絶滅は古生代と中生代を分ける事になった大絶滅であり、白亜紀末期の絶滅は中生代と新生代を分ける大絶滅である。この2回の大絶滅について、私なりの謎解きを披露したつもりである。しかし、謎解きの対象になった生物は陸上生物に限られていて海生生物については、何故絶滅したのかを明らかにしていなかった。良く分からないまま放置していた感がある。そして、5回の絶滅の内残りの3回の絶滅について謎解きを行っていない。

考え続けて、やっと閃いたと思うので披露したいと思う。

●海生生物の絶滅

閃いた事とは、酸素濃度変化グラフは大気中の酸素濃度だという事と、窒素も水に溶けるという事である。先ず、酸素濃度変化グラフは大気中の酸素濃度の変化を過去の時代にさかのぼって表したグラフだけれど、海水中の酸素濃度変化については誰も知らないはずである。

古生代以前の酸素濃度がとても低かったと、ほとんどの学者が判断しているようだが、その酸素濃度は大気中の酸素濃度であって、海水中の酸素濃度について調べた物ではない。古生代以前にも、限られた海域の限られた場所で酸素濃度が高くなれば、細胞を持つ生物は生きていける、と考えた方が良いだろう。

しかも、その酸素濃度の変化が、限られた海域の限られた場所で、つながりを持つ生き物達が酸素のやりとりをした結果引き起こされた局所的な変化だとすると、過去にさかのぼって海水中酸素濃度を解明する事は先ず不可能だといって良いだろう。

窒素も水に溶ける気体だとすると、海水中の酸素濃度は海水に溶けている窒素の量に影響される。そして、限られた海域だけで酸素濃度が変化するなら、つながりを持つ生き物達は集団でその変化の影響をまともに受ける。

この事を確認する為の面白い実験を思いついた。水中の酸素濃度が生物にどのような影響を与えるかという実験だ。メダカを水槽で飼育し、窒素ガスを水中に送り込む。メダカが酸素不足になって浮き上がり、空気中から酸素を直接得ようとするなら、水に溶けた窒素の影響で水中の酸素濃度が低下した事の確認ができる。このような実験は恐らく誰もやった事は無いだろう。もし、この実験が成功したなら、水中に溶け込んだ窒素が水中の酸素濃度を下げる事が確認できる。海生生物が絶滅した時の様子が再現される事になる。簡単な実験なので是非やってもらいたいものだ。

他に、もし、水中の酸素濃度を測定する装置があるなら、メダカが生きていく為の酸素濃度も測定した方が良い。大気中の酸素濃度が20%の時に水中の酸素濃度はいくらなのか。水中の生物が死に至る酸素濃度はいくらなのか。このような実験も過去に行われなかったのではないだろうか。

古生代において、窒素の大放出は石炭が生成され始める時期と一致している。ウィキペディアによると、古生代に石灰岩が生成されたのは石炭紀〜ペルム紀だという記述があった。大量の石灰岩がこの時期に生成されたのであれば、その生成時に大量の窒素が海水中に放出されたと考えて良いだろう。すると、限られた海域では、海水中の酸素濃度が大きく低下し、15%を下回れば海生生物も絶滅する事になる。

絶滅のシナリオは陸上と同じだと考えて良いだろう。円石藻などの植物プランクトンの大繁殖に始まり、続いてフズリナなどの動物プランクトンが大繁殖する。三葉虫などのより大きい動物たちがそれらのプランクトンを食べ、排泄された糞に含まれて居る石灰質の殻は海底にたまり続ける。分厚く堆積した石灰質の殻が地下深くに押し込められれば、含まれて居た有機物が高温高圧の条件下で窒素を放出し始める。窒素の大量放出は海水中の酸素濃度を低下させる。限られた海域で酸素濃度が15%以下になれば、限られた海域に棲むつながりを持つ海生生物は一斉に絶滅する事になる。

既に述べたように、石灰岩は大陸辺縁部の限られた海域で分厚く堆積している。これは、全ての生物が陸地から流れて来る有機窒素に依存しているからである。その限られた海域が海生生物達の生活していた場所であり、それぞれの生物が食物連鎖でつながっていた、とすると、つながりを持つ生物達の多くは生き残れない。

海水の量は膨大である。私は、その膨大な量の海水全体の環境が簡単に変化するとは思えなかった。現在では、広い海を沢山の魚が泳いでいる。同じように古生代でも広い海を魚類が泳ぎまわっていたなら、海生生物絶滅の謎を解くときに海水全体の環境変化を考えなければならない事になる。だから、海生生物まで絶滅してしまう理由が良く分からなかったのである。

しかし、古生代に生きていた全ての海生生物が陸地から流れ込む有機物に依存していたという事と、大陸辺縁部の限られた海域で生活していたという事、そして、海水に溶けた窒素が海水中の酸素濃度に影響を与えたであろう事の3つの事に気が付いたので、海生生物まで絶滅してしまった謎が解けたのである。

発想の出発点になった深海泥地に生きるズワイガニに感謝するべきだろう。

中生代においても、同様の解釈で海生生物が絶滅した理由を説明する事ができる。ジュラ紀〜白亜紀にかけて大量の石灰岩が生成されたのであれば、石灰岩の生成時に大量の窒素が海水中に放出されたと考えるべきだろう。陸上と海水中の双方の場所で大量の窒素の放出が始まり、双方の場所で酸素濃度が低下していった。中生代においても、陸上生物、海生生物共に酸素濃度低下の影響を受けて、巨大化した生物から絶滅していったのではないだろうか。

●オルドビス紀の絶滅

オルドビス紀の地層から大量の石灰岩が見つかっている。大量の石灰岩が生成される場所はつながりを持つ多くの生き物が生活していた場所である。大量の石灰岩が生成される時期は大量の窒素放出の時期と重なる。多くの生き物が生きる限られた海域で大量の窒素が放出されたなら、その限られた海域で海水中の酸素濃度が低下する事になる。窒素の放出が止まるまで海水中の酸素濃度が下がり続け、酸素濃度の変化に付いて行けない海生生物から滅びる事になる。これで、オルドビス紀の絶滅を説明する事ができた。

窒素の放出が止まり、再び植物が増え始めると酸素濃度は上昇し始める。過去において、酸素濃度の変化が原因で海水中でも絶滅が繰り返されていた事になる。やはり、絶滅は連鎖するという私の考えは正しいようである。

酸素濃度変化グラフは大気中の酸素濃度がどのように変化したのかを表しているグラフであって、海水中の酸素濃度変化を表したものではない。これまでの私の考えが正しいのなら、デボン紀、三畳紀の絶滅は陸上生物の絶滅ではなく、海生生物の絶滅だという事になる。何故なら、デボン紀、三畳紀には大気中の酸素濃度が低下していないからである。海水中の酸素濃度低下を説明する為には植物の絶滅と窒素の大量放出が必要なのだが、私はデボン紀、三畳紀に起きた事の資料を持っていない。だから、この残る2回の絶滅についての謎解きは無理である。『現代地球科学入門シリーズ15、地球と生命』(2011年9月、共立出版)』を最近になって読んだ。P157にはデボン紀の絶滅は海生生物の絶滅だという記述があった。素人の予想が一つ的中していた事になる。ペルム紀末の大絶滅については、色んな説がある事を紹介しつつ、最後のまとめとして『しかし、まだ証拠が足りない。最先端の手法により、集中的に解き明かす必要が有る』と締めくくられていた。

最先端の手法にこだわり続けるなら、世界中の学者が益々迷宮をさまよう結果になるのに、と私は思う。私は窒素という切り札を手にして一人高みの見物という所である。

証明していない事を作り話、妄想だと言うなら、ここまでの話は実験を行えない私にとって、全て作り話であって妄想だと言える。しかし、作り話だとしても、私なりに順に考えていくと、はるか昔の出来事まで、うまく説明する事ができたと私は思っている。

正直に言うと、クジラの話と恐竜の話が見事につながった瞬間に、今までに思いついた全ての話がつながったと私は思った。過去と現在が時空を超えてつながったと言っても良い程である。窒素に対する解釈が間違っていなかった事を確信した瞬間だと言い換えても良い。

これは面白くなったと思い始め、次々に浮かんできた謎について考えている内に楽しくなった。面白いように謎が解けていったからである。想像する楽しさを十分に味わったと言って良いだろう。

ダイオウイカの細胞の大きさが普通のイカより数倍大きい事が確認されれば、そして、大型クジラについても同様の事が確認されれば、かつて栄えた恐竜のような巨大生物が現在でも生きている事が確認される事になる。

クジラの呼吸方法に関する私の解釈が正しいと認められれば、そして、深海水に酸素が多く溶けている事が確認されれば、深海には地上より酸素濃度が高い世界が広がっている事が認められるだろう。単独行動をするクジラだけが巨大化して深海で生活をし、体の小さいクジラが海面近くで集団行動をしているなら、なぜ巨大化した生物が滅ぶのかという問いに対する私の解釈が正しいと思う人が増えるだろう。

発想を少し変えるだけでウナギの完全養殖が成し遂げられたなら、食物連鎖の考え方も変わるだろう。深海泥、あるいは干潟のシルトが無酸素、高温高圧の条件下で黒色の有機物が分離して出て来るのなら、石油の由来が明らかになるだろう。そして、私が何故そのような考えに至ったかに関心が集まれば、窒素に対する見方が変わってくるかも知れない。

しかし、私は学者でもなければ研究職に就いた事も無い。人生の大半を害虫駆除に専念してきたという点で、どこにでもいる普通人である。それも、既に老人と呼ばれる年齢になった普通人である。

経歴だけで人を判断し常に色眼鏡で周りの景色を見ている人が多い場合、私の考えが受け入れられる事はないだろう。

ここまで幾つもの仮説を立てた。仮説が正しい事を確認する為の実験方法についても述べた。誰かがその実験を行って確認し学会で認められるまで、その仮説が正しいとは認められない。偉い学者の言う事は常に正しい。偉い学者が認めない事は全て間違いだと多くの人が思っているなら、私の考えは全てSFの世界だという事になる。しかし、SFの世界であっても想像する楽しさが読者に伝わるなら、そして、その楽しさを十分に味わってもらえるなら言う事なしである。

多くの学者たちは一本の論文を書く為に外国の論文をたくさん読まなければならない。一つ一つの論文を引用しながら、私の考えはこうだと、考えを纏めて学会に投稿する。学会の重鎮たちがその論文を査読し、学会誌に掲載するかどうかを判断する。その際、引用文献の無い論文が受け付けられる事はない。

では、過去に議論された事のない論文に対して、学会の重鎮たちは査読できないと判断して門前払いをするしかないという事になる。世界中の学者達が窒素について全く興味を示してこなかったのだから、窒素の由来についての論文は皆無と言って良いだろう。すると、誰かが新しく窒素の由来に関する論文を出したとしても査読対象外として門前払いにされるという事になる。学会と呼ばれる組織は考え方の狭い、懐の狭い組織だと言うしかない。

過去の論文などに縛られる事無く、自由に羽を広げて謎を解こうとする姿勢が、学者と呼ばれる人達には欠けていると私は思う。暇を持て余している老人が、短期間にこれだけ壮大な作り話を作る事ができる事を知って、私は益々その思いを強くしている。

積み上げられてきた多くの論文をいくら読んでも謎が解けないのなら、今までの観点から外れた新しい発想で謎を解こうとするべきである。むしろ、繰り返し過去の論文を読む事は、過去の論文に記載された文章にどんどん縛られて、発想力が低下する事につながるのではないだろうか。

70歳を超えた老人でも、今までに無かった新しい発想を元に壮大な作り話を展開できるのだから、私より若い、賢くて優秀な学者さん達なら、もっと素晴らしい発想を産みだす力があるはずだと私は思っている。

ある学者は、いくら化石燃料を燃やし続けても大気中の酸素量に影響はないと断言している。この発言は経済学者を安心させる。経済学者は人類全体が豊かに快適に過ごす事を目的に研究しているからである。そして、限りなく化石燃料を燃やし続ける事を絶対条件として偉い経済学者さん達が経済を発展させるために日々研究し発言している。多くの人達が彼らの発言を信じて疑わないのなら、そして、政治家と政治学者がその発言を信じて政治を行うなら、誰も暴走する人類を止める事ができないと言う事になる。

経済学者と呼ばれる人達は、聞きたくないと耳を塞ぐだろうが、人類にとって掘り出せる化石燃料は限られている。植物を栽培する為の肥沃な土壌も、過去の植物によって作られた貴重な遺産だと考えると、やはりこれも又限りある資源なのである。私はそう信じている。その事を最も良く知っている人が科学者と呼ばれる人の中には必ず居るはずだと私は思っている。

本書を纏めるに当たって最も参考にしたのは京都大学学術出版会発行の『生命の惑星下巻』である。2021年に発行された書物だから最新情報が詰まっていると言って良いだろう。その書物には人類の将来を危惧する言葉が満ちている。土壌が限りある資源である事も書かれていたが、有機窒素についての記述が無かった。古生代末期の大絶滅がなぜ起きたかについても不明のままだった。

2名の著者は外国人なので、翻訳したのは京都大学の教授達だろう。しかし、その本を翻訳し理解したであろう人達は化石燃料と肥沃な土壌が限りある資源である事を言い出そうとしない。まるで呪われた言葉であるかのように揃って口をつぐみ、何も言おうとしないのである。何故なのだろうか。

人類の未来を心配して私は警鐘を鳴らしたいと思っている。呪われても良いから発言したいと思っている。発言しようとする人が誰も居ないのなら、分かって貰えるよう発言し始めるのは私しかいないと思い始めている。経済学者と政治学者に黙っていろと脅されても構わないと私は思っている。
　では、限りある資源が無くなれば人間の社会はどのように変化するのか。より身近な話に戻して分かり易く書き進める事にする。

第2部　限りある資源が無くなった世界

大学を卒業したあと2～3年経った頃だったと思う。大学の先輩と二人、生駒の山裾を散策した事があった。大阪平野を一望できる場所に差し掛かった時にその先輩が言った言葉が今も私の心の奥底に深く沈殿している。

その先輩は、眼下に広がるスモッグに覆われた建物だらけの大阪平野を見て、「私にはこの景色が巨大な廃墟に見える」と。石炭、石油、天然ガスといった化石燃料が枯渇して無くなった後の世界を想像して言ったのである。眼下に広がる多くの構造物は全て地中にある化石燃料から得られるエネルギーを使って作られている。それらの資源が無限に存在するなら未来は明るいと言えるだろうけれど、限りある物ならいつか枯渇するだろし、豊かな生活はその時に破綻する。

暗闇で寒さに震えている時、燃やせる木が限られているなら、ずっと続けばよいと願っている明るくて暖かい世界は燃やせる木が無くなった時に突然消えてなくなるのである。

人類がエネルギーをどのようにして手に入れ、使いこなしてきたかを知る事はこの項の主題でもあるので、順を追って書き始める。

人の生活のようすは、日本では縄文時代の頃から後の時代についてその痕跡がたくさん残っている。その頃西洋ではエジプト文明が花開き、その痕跡がたくさん残っているのだから、西洋には当時の日本とは比べ物にならないぐらい進んだ文明があったと言って良い。しかし、私が今問題にしているのはヒトがどのようにしてエネルギーを使いこなしてきたかについて、なのだから日本に文明らしきものが無かったとしても、それは問題ではない。一方はヒトが争い始めた頃の痕跡であり、一方は争う事無く平和に暮らしていた頃の痕跡なのである。

私は争う事無く平和に暮らしていただろう社会の方に魅力を感じ始めているのだから、まず縄文時代の暮らしぶりについて書き始める事にする。

縄文時代人の生活

ヒトは生きている限り食べ続けなければならない。食べたものは、幼いときであれば主に成長の為に使われるが、大人になった後は活動する為のエネルギー源と体を維持するために使われる。全く活動しなかったとしてもお腹が空いてくるのは、体を作っているそれぞれの細胞が生きていく為なのである。もちろん死んでしまえば体は崩壊していくのだから、死なないように体を維持する為だけでも毎日食べ続けなければならない。これは人を含む動物全ての宿命なのである。

植物は光のエネルギーを使って光合成し、その光のエネルギーを澱粉などの炭水化物の形に変えて根にたくわえ、次の世代の為に花を咲かせたり実を付けたりするために使っている。葉は光合成をおこなう工場であって、茎は体を保持する為と作った糖を根に送る為の通路になっている。根は茎と同じく体を保持する為と糖を澱粉に変えてたくわえる場所になっている。

動物は光のエネルギーを、体を温める位にしか使えないのだから、草食動物は植物を食べる事によって光のエネルギーを体内に取り入れ、さらに肉食動物は草食動物を食べる事によって光のエネルギーを体内に取り込んでいる。

ヒトは雑食なので何でも食べるのだが、元をただせば人間が生きていく為のエネルギーの源は植物が取り込んだ太陽のエネルギーなのである。

縄文時代の人達は土をこねて土器を作り、火を起こして煮炊きものをする。その時に使う薪も元をただせば太陽のエネルギーから来ている。人口が増えて燃料としての薪がたくさん必要になったとしても山にある木を全て切り倒したのでは生きてゆけない。昔、人口は燃料としての薪の量に制限されていた、と言って良い。森を大切にし、落ちた枝だけを燃料として拾いにいく風習が最近まで続いていたのもその為である。

ヒトは多くの生き物と同じように太陽のエネルギーの恩恵を受けて生きてきた。特に煮炊きものの燃料として使っていた木が大きく育つのに時間がかかるのだから、木の成長に合わせて辛抱強くのんびりと生きてきたと言って良いだろう。太陽から与えられたエネルギー以上のエネルギーを使わない生活、それこそ縄文時代の人達の本来の生き方だったのである。その当時、地震活動があっただろうし、台風も来ただろう。その厳しい環境の中で自然から得られるものを分け合って食べ、争う事無く数千年間穏やかに暮らしていたのである。厳しい環境だからこそ、耐えて辛抱強く生きてきた。そして、優しい心、助け合おうとする心も自然と備わってきたのだろう。

NHKの番組で、ギリシャ、イタリアなどの国にある古い遺跡を空から撮影して紹介する映像があった。次から次へと紹介される映像には共通点があった。豊かな森が映っていない。特にエーゲ海にある無数の島々にはそれぞれ大理石でできた神殿跡があって、かつて多くの人が住んでいただろう場所に森林が無かったのである。

既に述べているが、本来地球は植物だらけの星なのである。

永い年月をかけて大きく育った木が地表を埋め尽くすほど生えていたはずである。そして、森にはいろんな動物が居たはずなのである。その多くの生き物を育んでいたはずの森林がどこを探しても映像には映っていない。なだらかな斜面は草で覆われているのだから雨は降っているだろう。では、何故森林が無いのか。

人が燃料として使う為に木を伐採したからである。神殿跡が残っているからたくさんの人が住んでいただろう。木を伐採して燃料として使っただろう。燃料として使っていた木が無くなったので島を放棄して出て行ったのだろう。

火を使う事ができるようになった人間は木を燃やす事で寒さから身を守る事ができた。燃料である木と食料である動物がいれば快適な生活を送る事ができた。しかし、森がなくなればその両方を失う事になる。だから、森を求めて移動した。

人類が現れたのはアフリカだと言われている。長い年月をかけてユーラシア大陸を移動し、ベーリング海峡を渡って北アメリカまで進出した。さらに南下して南米まで行ってインカ帝国を作った。マンモス、サーベルタイガー等、多くの生物を絶滅に追い込んだのは人間だと言われている。木を伐採し尽くして多くの生き物を狩り尽くした後、新天地を求めて移動して行ったのである。

かつて文明が栄えた場所の多くは今廃墟になっている。豊かな森が無くなって住めない場所になったからその土地を捨て移動した。だから、その土地は今廃墟になっているのである。しかし、縄文時代の人達は違っていた。森を大切にして数千年間、同じ場所で助け合って生きていたのである。

快適な暮らしでなかったとしても、争う事無く穏やかな生活を送る事を最大の幸福だと考える人達がアジアにいる。ブータン王国である。きっと、暮らし方の根っこには縄文時代の人達と同じように、自然の恵みに感謝し太陽から与えられたエネルギー以上のエネルギーを使わない生活こそが幸福に生きる道に通ずると思っているのかも知れない。

弥生人と稲作、青銅器鉄器の伝来

朝鮮半島からやって来たであろう弥生人は日本に稲作を持ち込んだ。田畑を耕して米などの作物を栽培する技術も同時に入って来たのだろう。米は保存食になるので厳しい冬を乗り越えるのに都合が良い。だから人口が増えた。青銅器鉄器は田畑を耕すのに便利なのだが刀、槍などの武器にもなる。日本に入って来た弥生人同士が争って勢力争いが始まり、最も強かった一族が大和王権を打ち立てた。

それまで平和に暮らしていた縄文人達は野蛮人扱いされたのだろう。それぞれが地方に追いやられ、中でも北方に追いやられた縄文人は坂上田村麻呂によって征伐されたと歴史書にある。縄文人は国としてのまとまりが無かったし武器を持って戦うなどという発想がなかったのだろう。土地を奪われて逃げるしかなかった。北方へ逃げた縄文人たちの子孫がアイヌ民族なのだろう。彼らは自然の恵みに感謝し、今もつつましく生きている。南方へ追いやられた縄文人の子孫が沖縄に住んでいるのだろう。彼らも穏やかな暮らしを愛し、仲良く力を合わせて暮らす事を望んでいる。穏やかな県民性は縄文人の名残かも知れない。とにかく、数千年間続いた縄文人たちの平和な暮らしがここで終わったのである。

しかし、縄文時代人と弥生時代人の混血はあっただろう。日本という島国に永年住んでいた縄文人の暮らし方は弥生人の暮らし方と交じり合って残っただろう。だから、今でも日本人は森を大切にしているのだと私は思っている。

現在にまで続く弥生人達の歴史はここから始まる。人口が増えたのだから、食料である米を増産しなければならない。田畑を耕し作物を作るには人手が必要になる。したがって田畑の周りの高台に多くの人が家を作って定住するようになった。住む家を建てるにはたくさんの木材が必要になる。主に燃料として使ってきた木が燃料以外の目的でたくさん使われだしたのである。木を伐採し耕す事によって農地も増えた。平野部はこのようにして次々と人が住む場所になっていったのである。

天皇が住む都には権力の象徴として大きい建物を建てるようになった。そして都を移す度に巨大な木が必要になり切り倒される事になった。

滋賀県の田之上という所に花崗岩地帯が広がっていてはげ山が多い場所がある。花崗岩にはガマと呼んでいる晶洞ができる事があって、運よくそれを見つける事ができると中にはキラキラと光る水晶、長石、トパーズなどの結晶鉱物が密集していて拾う事ができる。私は何度も足を運んだことがあるのだが、このはげ山はその昔、うっそうと大木が生い茂る場所だったそうだ。都を作る為に集中的に木がたくさん伐採され、その後1000年以上経っても山は元の状態に回復していない。花崗岩は物理的風化が進みやすく、表面はもろく崩れやすい。その為、一旦失われた自然はなかなか元に戻らない。

アフリカにはサハラ砂漠があって、降雨量が少なく植物が育たない。サハラ砂漠の周辺部にサヘル地帯と呼ばれる地域があって、少しの水分でも育つ木が点在していたそうである。その場所に自然と共生しながら永く住んでいたはずの人達がある時家畜を飼い始めた。生活が豊かになり人口が増えた。すると、点在していた貴重な木を燃料として伐り始めたのである。木が無くなった土地は砂漠化してしまって人が全く住めない土地に変わっていったそうである。

石炭石油の発見

石炭とは、大きく育ったシダ類が大量に化石として地中に眠っていた物である。主に炭素からできていて、燃やせば大量の熱エネルギーが得られる。その熱で水を沸騰させ、蒸気の力で機関車や船を動かす事ができた。日本でも明治のころに蒸気機関車、蒸気船が生活を一変させたのである。

旅行好きだった若い頃、私は植物化石を探す目的でかつて炭鉱業が盛んであった九州の筑豊地方へ旅をした。町はさびれてしまって炭鉱業が盛んであった当時の面影は全くなかった。廃館当時のままの映画館があり、たこ部屋と呼ばれたであろう労働者の為の粗末な長屋が朽ち果てたまま放置されていた。大通りにも人影はなく閑散としていた。誰も住んでいないであろう街並みほど寂しいものはない。長く居たくないものだと思って私は早々に引き上げる事にしたのだが、その場の雰囲気が強烈過ぎて未だに記憶に残っている。どんなに栄えた街であっても、人が住まなくなれば廃墟になるのである。

石炭は当時黒いダイヤと呼ばれた。ただ掘るだけでお金になるのだからそう呼ばれた。しかし日本では掘りつくしてしまって今はとれない。日本では石炭は限りある資源だったのである。

小学生の頃、新潟では石油が出るという事を授業で習って、油田の地図記号が新潟にある事を地図で確認した覚えがあるのだが、今は出ない。石油も日本では限りある資源なのである。

アメリカでは大きい油田が発見され、その利権を手にした一族が一時石油で大儲けをした。一族は手にしたお金を使って砂漠地帯を歓楽街にした。それが今のラスベガスの町である。

石油を精製して得られるガソリンは車を走らせる燃料であり、車を発明したのはアメリカなのだから、一時期世界の富はアメリカに集中したと言って良い。財力は国力であり軍事力にもつながる。アメリカが強大な国家になったのは、豊富に産出する石油と車があったからだ。車が普及しガソリンが安く大量に手に入るのだから、広大な国土を移動する手段として、鉄道ではなく車の方を選んだ。そして、豊かな財力と豊富に産出する石油がアメリカを車社会に変えた。

アメリカの車はかつてアメ車と呼ばれて日本国内でも走っていた。燃費は悪く、車体が大きいので狭い道路は走れない。ガソリンをまき散らして走っているようなものだと評されていたのだが、喜んで乗り回す人が居た。当時、アメ車はまさに豊かさの象徴だったのである。

しかし、石油を採掘し始めてから僅か数十年しかたっていないのに、今ではアメリカ国内の石油の埋蔵量がそれほど多くない事が分かってきた。今では車は多くの人にとって生活必需品なのだから、仮に燃料としてのガソリン価格が高騰すれば、それは生活に直結する大問題になる。だから、中東から安い石油を輸入して使い、国家戦略としてアメリカ国内の石油をできるだけ使わないように抑制している。石油が限りある資源であり、ガソリンがアメリカ国内だけでいつまでも調達できない燃料である事を認識し始めたからである。

現在、この事はアメリカ国内でも十分認知されているはずなのだが、その先の論議、つまり世界中の石油が枯渇した後の事を問題視する発言は聞かない。何故、石油が枯渇した後の事が話題に上らないのだろうか。私の疑問は今そこに集中している。

中東地域ではたくさんの石油が採掘され続けているのだが、埋蔵量がどれぐらいあって、いつまで採掘可能なのか、とても重要な事のように私は思っているのだが、あまり話題にはのぼってこない。これは一体何故なんだろうか。私の口の周りがムズムズするのはまさにこの辺なのである。

太陽の光エネルギーを体内に取り込む事ができるのは植物だけなのだから、石炭、石油、天然ガスなど、現在湯水のごとく使われているエネルギーは元をたどっていけば、全て過去に地球に降り注いでいた太陽の光エネルギーなのである。野ネズミが地中に埋められた大量のどんぐりを見つけた時と同じで、食べ尽くせば無くなる物を見つけて大喜びし、食べ始めたに過ぎないのである。

ある学者はそう遠くない時期に先ず石油がなくなるだろうと書いていた。資料によると、アメリカでは石油の産出量がピークを過ぎて減少し始めている。北海油田の採掘量も同様である。最大の石油生産国である中東諸国の産出量までピークを過ぎて減少し始めているなら、石油が枯渇するのは時間の問題である。石炭については200～300年は持つだろうとの記述があった。仮に150年後に世界中の石油が枯渇するなら、そして、その後で石炭も枯渇するなら、その後の人類の生活が激変する。

今の世界人口を支えているエネルギーのほとんどが無くなるのだから、使えるエネルギーに見合った人数にまで世界人口が減少する事になる。減少する数は20億人だろうか、それとも30億人だろうか。その頃には、人一人の命は地球より重いなどという発言は出てこないだろう。

300年後、あるいは500年後に採掘可能な全ての資源が枯渇したとして、その年数は人類にとって想像できないほど遠い未来なのか、それとも想像する事のできる近い将来なのか。そして、例え想像できたとしても、目先の利益と覇権争いの方を優先して、敢えて悲惨な将来に目をつぶろうとするのが人間というものなのか。私は理解に苦しんでいる。

形あるものはいつか壊れ、限りある資源はいつかなくなる

ヒトは生きてゆく為に食べ続けなくてはならない。生き物は体を維持するためにエネルギーを補給し続けなければならないのである。では、無生物はどうなのか。

永く使わずに放置していたプラスチックのバケツが玄関付近にあった。ある時、野良猫が上に乗っただけで蓋が壊れてしまった。紫外線を浴び続けるとプラスチックはもろくなるのだ。手で簡単に壊せることが分かったので手で砕いて小さくし、ゴミとして回収してもらう事にした。このようにプラスチック類は紫外線で劣化し一定の年数を経ると使い物にならなくなる。だから、劣化がひどくなると買い替えなければならない。

木材はある程度劣化するが、ガラス、陶器類はそう簡単に劣化しない。だから、貰う度に数が増えて我が家ではたまる一方

だ。このように、物は材質によって劣化の程度が異なっている。最も遅く登場したプラスチック類が最も劣化が早いのだから、一定期間ののちに交換が必要になる。だが、厄介な事に石油は限りある資源であり、プラスチック類は石油からしか作れないのだから、枯渇すればその時にプラスチック類は一斉に世の中から消えてなくなる。ふんだんに使ってすぐにゴミ扱いされる発泡スチロールの容器もビニール袋もこの世から消えてなくなるのである。

水道管は末端では主に塩化ビニールというプラスチックからできている。地中に埋まっているので紫外線を浴びる事は少ない。しかし、いつか劣化するだろうし、交換しなければならない時期が来るだろう。地中に埋められた太い水道本管も同様だろう。それらの水道管はある時期から一斉に使われ始めたのだから、劣化して交換が必要な時期も揃って居ると考えて良いだろう。日本国内のあちこちで土を掘り返して交換しなければならない時期が必ず来る。その時に石油が枯渇してプラスチック類が使えないとしたら、あるいは残り少なくなって手に入りにくくなったとしたら、錆びない銅管を使うしかなくなる。銅は高価であり、やはり限りある資源なのでプラスチック類ほどふんだんには使えないだろう。

すると、大都市圏の水の供給システムは今ほど便利な物ではなくなる。人口の少ない農村部では水は何とかなるだろうが、人口の集中する大都市では水が簡単に手に入らなくなるのである。

電線は銅でできている。漏電しないようにする為に、銅線の周りにはプラスチックの被膜が必ず使われている。これも劣化するので、時期が来れば交換しなければならない。プラスチック類が安価に手に入る現代だからこそたくさん使われているのだが、これも石油が枯渇した時にはつかえない。では、電線の被覆材料として昔のように紙や布を使うようになるのだろうか。

石油から作られている物は他にもまだたくさんあるのだが、最も真剣に考えなくてならないものとして病を治す治療薬がある。漢方薬は自然由来の薬だから問題ないのだが、広く出回っている治療薬のほとんどは石油から大量に作られている。いわゆる石油産業といった分野の産物なのだから、そのほとんどが石油の存在に依存している。高校の授業で習った有機化学を応用してさまざまな薬品が石油から作られている。だから、石油が枯渇すると、今は救えている命が救えなくなるのである。恐ろしい事だが、これも覚悟しておかねばならない。

人の命を優先して考えるなら窒素化合物を多く含む石油はとても重要な資源である。何故なら、石油から大量の薬剤を作っているからである。無駄遣いせず大切に使わなければならない資源は石炭より石油なのである。真っ先に無くなる資源がその大切な石油だという事を、一番よく知っているはずの科学者が何も言おうとしない。何故だろうか。不思議で仕方がない。

石油由来の薬品が全てこの世から消えてなくなった時を想像する事は実に不謹慎な事なのだが、ある意味楽しい。私も、私の親族も知り合いも、みんな死んだ後の事であり、SFのように想像の世界だからである。しかし、実に困った時代がいずれ到来する、と私は思い込んでいる。その事が頭をよぎった時には、想像の世界だと分かっていても、テレビの娯楽番組を見て、多くの人と同じように馬鹿笑いする気にはならない。

燃料として普通に使われている都市ガスは輸入した液化天然

ガスを使っている。これも限りある資源なのだからいつか枯渇する。ガスが使えない時代がやって来た時、身近に燃やせるものがない人々は燃料として生えている木を燃やし始めるのだろうか。そうなった時に、ひとの命は地球より重いとか叫んで国内に生えている木を次々と燃料として使い始めるのだろうか。

今は電気を使って調理する事ができる。電気を使えば木を燃やさなくても大丈夫なのだが、その電気を発電する為にはエネルギーが必要なのである。火力発電は燃料を調達できなければ使えない。原子力発電はウランなどの放射性原子を含む鉱物資源が枯渇した時に使えなくなる。太陽光発電は、20年ほどで使用期限が来て交換しなければならない発電パネルが必要なのだが、その発電パネルを作るにはレアメタルと呼ばれる希少金属が必要なのである。希少金属という位だから産出量は少ない。産出量が少ないのだから今の人口をいつまでも安定して支え続けるには無理がある。

他に昔から使われている発電方法として水力発電があるが、いくら巨大な発電ダムを作ったとしても、そのうち上流から運ばれてくる土砂で埋まってしまうだろう。ダムは水をせき止めるが、同時に土砂もせき止めるからである。

私は学生の頃、植物採集の目的で関西の山をうろつく事が多かった。狭い谷筋を横切るように道路があった場合、道路が土砂でふさがれるのを防ぐ為に、谷筋にはいくつも堰堤が作られていた。堰堤とは谷筋に作られた小さいダムのようなものである。堰堤が大きい場合、その上に座って休憩するのはとても楽しく、心地よく吹き通る風と見晴らしの良い眺めは最高であった。そして、ほとんどの堰堤は土砂で埋め尽くされていたのである。その時に私は思った。ダムはいつか土砂で埋まってしまうものだと。

一旦埋まってしまえば、発電ダムは巨大な廃墟となるだけでその後は使えない。水力発電の為のダムも永久に使える設備ではないのである。

ナイル川をせき止めて作ったアスワンハイダムにしても、長江をせき止めて作った四川ダムにしても、日本にある黒部ダムとは比べ物にならないぐらい大きいので、年間に流れ込む土砂の量はとてつもなく多い。そして、ダムがいつか土砂で埋まってしまうと考えた時、その時にダムは水をもせき止める力を無くすのである。

三峡ダムでは数年前に、台風による大雨でダムの水量が予想を超えて増加して氾濫の危機に陥った事がある。ダムができてまだそんなに月日が立っていないのに貯水量を超えるような雨が降ったのである。将来ダムが土砂で埋まってしまった時には毎年のようにダムは氾濫するだろう。こんな理屈は誰でも分かるだろうと私は思っていたので、長江をせき止めてダムを作るなんて、なんて馬鹿な事をするのだろうと思っていた。長江はとんでもない暴れ川なのである。中国の歴史の中で何回も氾濫してその流路を変えている。その川をせき止めてダムを作るだと？　そんな馬鹿な、と私は思った。独裁国家であって、一人の指導者の考えで動く国の場合、いったん指導者が決めた方針には逆らえないのだろう。

ヒトは生き物だから、どんなに偉い指導者であろうといずれ死んでしまう。世の中を動かしている人達がいくら偉かろうと、生きている間に考える事はせいぜい孫子の代ぐらいまでの安定だけなのである。偉くないその他大勢の人達も同様である。さらにその先の時代を、もっともっと先の時代を永い目で見る事ができる人がいたとすると、その人の目には今と違った景色が映っているはずだと私は思っている。

物はいつまでもあるのではなく、壊れた時には修繕しなければならない。必要な物であれば作り直さなくてはならないし、どんな立派な施設であったとしても手を入れなければすぐに廃墟になってしまう。

人が多く住む大都市では快適な生活を維持するためだけに多くの労力とエネルギーが使われている。これは大都市に富が集中しているからできる事であって、その富と安く手に入れる事ができるエネルギーがあるから初めて維持できる事なのである。化石燃料が残り少なくなってエネルギー事情がひっ迫してきた時、快適な生活を維持するのはとても困難になる。

電気、ガス、水道などのインフラ設備が古くなれば交換しなければならない。電線、ガス管、水道管。どれも定期的に交換しなければ快適な生活を維持する事ができない。インフラ設備が老朽化しても新しい物に交換する余裕がなくなった時、代替案も無く改善する方法が途絶えた時に住環境は悪化する。住環境が悪化すれば人が住まなくなる。人が住まなくなれば、大都市は廃墟と化す。廃墟と化した大都市は長い年月の後に土に埋もれ、木々に覆われて遺跡と呼ばれるようになる。

そんな馬鹿な、と多くの人が思うかもしれないが、ネットで遺跡と検索すれば、世界中に多くの遺跡がある事が分かる。全て、人が住まなくなった都市の住居跡なのである。

過疎化が進んだ地域では、人が住まなくなった家屋はすぐに崩壊が始まる。屋根瓦が崩れ、雨水がしみ込んで腐朽が始まる。手を入れ続けないとどんなに立派な家屋であったとしてもわずか数十年で崩れ去るのである。

東京都心にあるいくつもの巨大なビル群も永久に利用できる施設ではない。一定の年数が経過すれば必ず老朽化するのだから、いつの日か取り壊されて建て替えが必要になる。その時に経済的にも、物理的にも建て替えの余裕が無いのであれば、巨大ビルは廃墟になる。そして、ビルが巨大であるがゆえに取り壊す事が困難であるなら、巨大ビルはいつか崩壊してしまうとても危険な建物になってしまう。

アンコールワット遺跡は石でできていたから現在まで残っている。ピラミッドもスフィンクスもそうである。しかし、現在の巨大ビルはそうではない。骨組みとして鉄を使っているのだから、雨水がしみ込んで錆びてしまうと骨組みは建物を支える事ができない。いずれ、それぞれの巨大ビルが手の付けられない巨大な瓦礫の山になってしまう事だろう。ビル群が集中していた場所は、土を耕し作物を植えようと努力したとしても叶う事のない、手の付けられない土地になっていることだろう。

ふと、未来について語っている自分に気が付いて、まるでSF小説でも書いているようなものではないか、と今私は思っている。おそらく『猿の惑星』(ピープル・ブルー著 大久保輝臣訳/東京創元社1968)を執筆中の作者のような気分なのである。SF小説のようなものだと捉えてもらっても一向に構わない。想像するのは自由だし、暗い未来であったとしても、そうなるかも知れないと思って想像する事は楽しい。この楽しさは自分だけの物なのである。

化石燃料はいずれ無くなる

化石燃料とは、石炭、天然ガス、石油から生成されるガソリン、灯油など、燃やせば熱エネルギーが得られる物を指している。

金は最も資産価値のある金属だから1トンの岩石に6g以上含まれていれば採掘しても採算が合うそうである。そして、聞いたところによると、その埋蔵量の7割は既に採掘済みだそうである。金は財産価値のある金属なので、人々は血眼になって採掘しようとした。その結果、限りある資源の中で最も早く掘り尽くされようとしている金属なのである。

しかし、金は最も安定した金属なので一旦掘り出した以上無くなる事はない。その他の多くの金属も再利用が可能なのだから、うまく使えばいつまでも使えるだろう。しかし、化石燃料は違う。一旦分解してしまうと、二酸化炭素と水になって消えてしまい、元の姿には戻らない。我々は、いずれこの世から消えてなくなる物を燃やし続けて快適な生活を送っているのである。

宇宙開発計画には巨大なロケットが必要である。例えば気象衛星を打ち上げて周回軌道に乗せるにはとても大きなロケットが必要なのだが、その打ち上げの映像を見てみると巨大なロケットを打ち上げる為のたくさんの燃料が一気に燃焼しているのが良く分かる。巨大なロケットの胴体の中には燃えて無くなる燃料がいっぱい詰まっているのである。打ち上げロケット本体のほとんどの部分が一気に燃焼して消えてなくなる燃料だと考えて良い。すると、化石燃料はいずれ無くなるのだから、宇宙開発計画はいつか必ず頓挫する事になる。巨大な宇宙ステーションを作ってそこで生活する事も、月に基地を作って生活する事も全くの夢物語なのである。

では、無駄だと分かっていて何故そのような研究を続けようとするのか。軍事目的の為に使用するロケットの研究開発が不可欠だからである。他国より優れた武器を持ち、常に優位な立場に立ちたいと思っている国が複数あれば、軍拡競争が激化する。侵略しようとする国がある限り、侵略の為に多くの人が死んでも構わないと考える指導者がいる限り戦争は無くならない。その戦争に負けないようにする為に争ってロケットの研究開発をしている。月へ人を送る為の5年計画、10年計画の研究目標があったとして、その計画は多くの人に夢を見させるかも知れないが、実態は違っている。侵略されるかもしれないという恐怖心が研究の原動力になっているのである。

ロケットはそもそも軍事目的で開発されたのだから、化石燃料が枯渇すれば、戦争目的の為のロケットもいずれ使えなくなる。一気に燃焼して多くのエネルギーが得られる化石燃料があるからロケットが開発されたのであって、木を燃やしても、石炭を燃やしてもロケットを打ち上げる事はできない。

すると、核戦争の心配もいつか無くなる。核弾頭についているウランは平和利用の為の核燃料として使われるので無駄にはならない。しかし、核燃料もいつかなくなる。では、平和な時代が訪れのだろうか。そうはならないだろうと私は思う。戦争の方法が昔のやり方に戻るだけで、国境を接する国同士が、剣、槍、斧などを使って肉弾戦を始め、いつまで経っても争いそのものはなくならないだろう。人間とはどうしようもない生き物なのである。

同じ理由で飛行機も船も巨大な物は使えなくなる。大量の物資を運ぶ事ができないのだから、世界の物流は滞る。日本は島国だからその影響をもろに受けて自国だけで食料を調達しなければならなくなる。しかし、化石燃料が使えないのであれば、漁船も農機具も今ある物はほとんど使えない。食料生産も滞ってしまうのである。今の人口を支えるだけの食料を自国で生産できないのであれば、日本人の人口は生産できる食料の総量に制限される。江戸時代と同じだと考え、ざっくり見積もって今の人口の3分の1ほどに減少するだろう。

ガソリンで走る車はもちろん使えない。最近ガソリンの代わりに水素を燃焼させて車を走らせるという案が浮上している。二酸化炭素を多く排出するガソリンの燃焼は地球の温暖化を促進する。二酸化炭素には温室効果があって、空気中の濃度が高くなると大気の温度が上昇するからである。温暖化を少しでも遅らせようとする案なのだが、水素を作るにはエネルギーが必要なのである。その水素を作る為のエネルギーをどうやって手に入れるのか。

化石燃料を燃やして水素を作るしか他に有効な方法が無いのであれば、発想そのものが間違っている。では、電気自動車はどうか。発電の為のエネルギーをどうやって手に入れるかにかかってくる。車を走らせる為に限りある資源を使うしか他に方法が無いのであれば、車という道具は残されたエネルギーを無駄遣いする道具に過ぎない事になる。何故なら歩いて行ける距離でも車を使おうとしているからである。健康の為にも歩く方が断然良いのに、金持ち程すぐに車に乗ろうとする。これほど無駄な事はない。

単にエネルギーを無駄遣いする車もいずれこの世から消え去る運命なのである。

お金は使えば無くなるが、回りまわって他人の懐に入るのだから、使い続けたって全ての人の生活が破綻する事はない。でも、化石燃料はいずれ確実に消えてなくなる限りある資源なのである。その事に思いをはせた時、SDGsといった言葉で表される持続可能な成長はどうなのだろうか。しばらくの間の目標としては良いかもしれないが、人類の達成すべき目標には決してなり得ない事が良く分かるだろう。最も重要な事は、限りある資源を有効に使う事ではなく、一刻も早く化石燃料に代わるエネルギーを探し出し実用化する事だからである。

電気もふんだんに使えなくなる

化石燃料を使う火力発電は真っ先に無くなる。燃料として天然ガスが多く使われているのだが、天然ガスが無くなるまでの過程で、世界ではいろんな事が起きる。天然ガスを産出する国が自国の為に使う事を優先して供給を止めれば、消費国はお手上げなのである。ロシアは天然ガスの産出国なのだが、同時に軍事大国でもある。ウクライナ情勢を見ればわかるように、軍事大国であるロシアが天然ガスの供給を止めるぞ、と脅すだけで消費国はおろおろしてしまうのである。まさに、いつまでもあると思うな、「親と天然ガス」、なのである。

原子力発電は二酸化炭素を出さないクリーンなエネルギーなので、当分の間必要になるだろう。水力発電は、発電ダムがいずれ土砂で埋まってしまう事を考えると永久的な設備とは言えない。しかし、風力と水力は、その元になるのが永久になくなる事のない太陽エネルギーなので、候補として最も有力であると言える。発電ダム以外の方法でも電気が得られる可能性があると思うので、是非その開発を進めるべきである。

こうやって考えていくと、電力はふんだんに使えないだろうが、当分は確保されるだろうと思う。中でも、いくら電力事情がひっ迫しても、通信の為の電気はどうしても必要だから確保されるだろう。しかし、今のような形ではない。地球の周りをまわっている通信衛星がいつか軌道を変えて地上に落下してしまうからである。宇宙空間には何もないはずなのだが、微粒子があって、その影響を受け、通信衛星は軌道を変えてしまう。だから、10年おきぐらいに次々と打ち上げる必要があるらしい。化石燃料が使えない時が来れば、気象衛星も通信衛星も無くなる。通信衛星が無くなればネットワークは使えない。使い放題のスマホが使えなくなるし天気予報も今ほど正確に予報できない時代が来るのである。スマホのない生活なんて耐えられない、と多くの若者たちは思うだろうが、今の生活がいつまでも永久に続く、なんて事は絶対に無いのである。

パソコン、テレビ、携帯電話、どれを取っても数年置きに買い替えなければならない。数年で壊れてしまって修理できない道具は、ある意味、道具としては最低の道具なのである。快適な生活を支える精密な機械ほど早く壊れるのだから、快適な生活を追求すればするほど、早く壊れてしまう最低の道具を大量に生産する事になる。

頻繁にモデルチェンジされる製品は大量の使えなくなったゴミを作り出す事と同じである。大量生産と大量廃棄が経済を支えている。快適な生活は大量生産と大量廃棄を行う為の膨大なエネルギーに支えられている。膨大なエネルギーは膨大な量の化石燃料に支えられている。快適な生活を追求する事は膨大な量の化石燃料を消費する事に直結しているのである。
　我が家には大正時代に作られた時計がまだ現役で頑張っている。漆塗りの高級品だったから捨てられずに今まで残っているのだろう。独身時代に買った片手鍋も捨てずに使い続けている。40年程前にボーナスをはたいて買った電子レンジもまだ健在である。大切に使えばまだまだ使える物でも、経済を回す為にはさっさと捨てる方が良いのだろうか。もったいないと思う心も、明るい未来とやらを実現する為にはきっぱりと捨て去った方が良いのだろうか。
　人類が発展する事は快適な生活を追求する事だと多くの人が考えているなら、化石燃料の消費を抑制する事は金輪際できない事になる。二酸化炭素の排出量を減らす事もできない。化石燃料を使って大量のエネルギーを使い続けるしかない。誰もこの勢いを止める事はできない。ブレーキの利かない暴走車に乗っている人がそのスピードが心地よくなり酒に酔ったように自制心が効かなくなっている。まさに、集団で滅びの道を突っ走っているような状況なのに、化石燃料が限りある資源である事を誰も言い出そうとしない。まるで、人類全体が集団催眠にかかっているかのような状況なのである。
　寒ければサルのように身を寄せ合って暖を取り、冬を越すしかない。食料も分け合って飢えをしのぐしかない。限りある物を燃やしてエネルギーを手に入れる方法は実に簡単な方法なのだが、燃料に限りがあるなら、そんな生活はいつまでも続かないのである。
　しかし、成長が無かったとしても、快適な生活でなかったとしても、多くの事を望まなければ平和で穏やかな生活は縄文時代のように、ブータン王国のように、大昔から持続可能なのである。

人間は愚かな生き物だ

科学技術が進めば、グリーンランドとか南極大陸の地下に眠っている化石燃料にまで手を伸ばすかもしれない。それらの大陸の地下に確実に化石燃料が豊富に眠っていると分かった時、人類はその採掘を諦める事ができるだろうか。諦められずに採掘し燃やし続けたとしたら、とんでもない事になってしまう。

ここまで書き進めてきて思うのだが、私の発想の出発点である窒素の解釈が間違っていたとすると今までの全ての解釈が煙のように一瞬にして消えて無くなる。おそらく学者と呼ばれる人達は決して窒素ガスの由来を認めようとしないだろうから、ここまでの話は全くの作り話として忘れ去られる事は間違いないだろう。

しかし、化石燃料が限りある資源である事は疑う余地のない事実だと私は思っている。

もし、酸素が使い方次第でどんどん減っていく気体だとしたら、酸素も限りある資源だという事になる。今も植物は酸素を作り続けているのだが、酸素量を減らしたくないのであれば、植物が生産する以上の酸素を使ってはいけないという事になる。そして、酸素を作り出している大切な植物をためらう事無く伐採し続けるなんて、とんでもない行為だという事に気が付かなくてはならない。生産される酸素量以上の酸素を使わない生活とは、スマホも使えない、決して快適ではない、縄文時代のような生活なのである。若者たちは我慢できるだろうか。

私は今まで、仮に人類が滅びたとしても人類に代わる生き物が現れて命をつないでいくだろうし、それで良いではないかと漠然と思っていた。しかし、酸素濃度が低下して地球が多くの動物たちが住めない星になったとしたら、これは大事である。取り返しのつかない事というのはまさにこの事なのである。

人類が滅びるのは構わない。自業自得というものだ。しかし、他の生物に迷惑をかけてはいけない。人様に迷惑をかけちゃいけないよ、と諭されて育った身としては、この事だけは絶対に避けなければならないと思う。

人類はそこまで愚かではないだろう、とどこかから声が聞こえてきそうだが、目先の利益の為に、くだらない覇権争いの為に殺し合う事さえいとわないのが人間なのである。理解できないというだけで、アウシュビッツでは600万人のユダヤ人が虐殺された。平気でそんな事をしてしまうのが人間なのである。大勢が無茶な事を始めた時には、まるでジャングルに住む軍隊ありの行進のように、誰もその勢いを止める事ができずに集団で突っ走ってしまうのが人間なのである。そんな愚かな事を何度も、何度も繰り返してきたのが人間なのである。そんな集団の中に一人醒めた人が居たとしても、一人だけでは全く無力であり、愚かな行為を止める事ができない。

アマゾンにある熱帯雨林は伐採されて減少し続けている。東南アジアの熱帯雨林も同様に減少し続けている。大量に酸素を作り続けている熱帯雨林の4割が既に伐採され、消滅しているのである。熱帯雨林の消滅は恐らく過去数十年間の出来事だろう。そして、同じように伐採し続ければ、今後数十年間でそれらを伐採し尽くすだろう。まるで草食恐竜が木性シダを食べ尽くした時と同じように、人類は熱帯雨林を食べ始めているのである。一旦無くなった熱帯雨林はそう簡単には再生しない。それでもお金が手に入り、快適な生活が送れる方を選ぶ、とその国の人々が主張すれば、他国が干渉する事はできない。これで良いのか。

インドネシアでは熱帯雨林が広がっていて巨大な樹木がたくさん生えていた。それを切り倒して建築資材として利用している。その内の一つがコンパネである。コンパネとはコンクリートパネルの事であり、コンクリートを流す時の型枠として使用される。巨大な木を薄く削って何枚も貼り合わせ1枚のコンパネに仕上げているのだが、その幅は2mもある。直径2m以上の巨木を切り倒さないと作れないのである。そして、使った後コンパネは再生される事なく産業廃棄物として処分される。長い年月をかけて大きく育った巨木はたくさんの酸素を放出し続けていただろう。伐採しなければこれからも酸素を放出し続けただろう。多くの生き物が生活場所として安心して暮らす事ができただろう。その貴重な資源がくだらない用途で使われ、あっという間に産業廃棄物として燃やされてしまうのである。これで良いのか。

日本では、かつて巨木は天皇の住まいなどの重要な建築物を造る目的で伐採され、とても大切に扱われてきた。法隆寺が最古の木造建築物である事も巨木が大切に扱われていた事の証なのである。世界中のどこを探しても日本ほど木を大切にしている国はない。日本人は縄文時代の昔から木を大切にし、森と共に生きてきたのである。

どんな小さな村へ行っても鎮守の森があって社が祭られてい

る。そして、そこに生えている木は切られる事なく残されて鎮守の森として大切に扱われ残ってきた。奈良にある春日大社の裏山は全て神域として立ち入る事すらできない。木をできるだけ切らずに残す。伐採したとしても、数十年後の事を考えて植林する。このように木を大切にして木と共に暮らしてきたのが日本人なのである。それが、どうした訳か、たかがコンパネに使用する目的でインドネシアまで行き巨木の買い付けを行っているのである。日本人として心は痛まないのだろうか。

私が初めてコンパネを見た時、その大きさに驚いてしばらく見入っていた。年輪が無いので熱帯で育った木だろう位の事しか分からなかったのだが、とても大きい木を伐採して作った物である事はすぐに分かった。そして、その木が生えていた場所は色んな生き物が暮らすとても素晴らしい場所だっただろうに、なぜ切り倒したのだろうか。お金が欲しいだけの理由で伐採しているのだろうか。いろんな考えが浮かんできたのを覚えている。木が生えている現地を知らないし、仕事中の事なので深く考えずに今まで過ごしてきた。しかし、最近のニュースでは、熱帯雨林の4割ほどが伐採されて広大な農地に変わり、生息域を狭められたインド象が大いに難儀しているそうである。

以前、韓国の動物園で録画された映像を見た。象が飼育されているエリアでの出来事である。そのエリアには水の入ったプールが全体の4割ほどを占めていた。そこに映っていたのは母親象と子象、そして少し離れた場所にもう1頭居た。何かの拍子に子象がプールに落ちておぼれている様子が映った。母親象は水際でおろおろするばかりで水の中に入ろうとしない。その時、離れた場所にいた1頭が母親を誘導して、遠回りなのだが反対側の緩やかなスロープがある場所まで連れて行った。そして、緩やかなスロープをつたって母親象が子象を救い出すのを手伝った。象には考える力があり、仲間を助けようとする感情がある。そして、単に助けるのではなく、母親象が子象を助ける方法を、身をもって教えたのである。そんな優しい生き物が地球上にはたくさん住んでいる。みんな同じ地球に住む仲間なのである。仲間だと感じる事ができるなら、彼らに手を差し伸べるべきなのである。

人類の歴史をたどっていくと、優に数千年間はさかのぼる事ができる。色んな出来事があったとしても、それぞれの時代で時間はゆっくりと過ぎて行った。しかし、化石燃料にまで手を出し始めてからの200年ほどの間に世の中はめまぐるしく変化した。私はその直近の70年ほどを生きてきたのだが、その変化の速度はまさに加速度をつけて速さを増し続けている暴走車のような勢いである。私としては、快適な生活にどっぷりと漬かりながらではあるが、これで良いのかという疑問が常について回っている。

例えば、コンビニで売られている食品の内、賞味期限が過ぎただけで廃棄される。消費期限が過ぎた食品も同様に廃棄されてゴミになっている。一度その回収作業が行われている様子を間近で目撃した事があるのだが、どこも悪くなっていない食品が賞味期限の切れる時刻を1分でも過ぎればゴミとして扱われて捨てられている。実に勿体無い話である。それぞれの家庭で賞味期限の時刻が1分過ぎたからと言ってすぐにゴミとして処分するだろうか。消費期限の過ぎた食品を確認して1日でも過ぎていれば全て捨てているのだろうか。

母子家庭では、母親が職を失えば生きてゆけない。けがをして職を失った人も貯金がなくなれば生きてゆけない。明日の食費にも困っている人達がいるなら、食べ物を捨てずに困っている家庭に回せばよいではないか。食品ロスを無くす為にはどうすれば良いのか。困っている家庭に無料で提供すればよい話である。

大手のスーパーマーケットでも同じである。賞味期限が過ぎた食品は毎日大量に廃棄されているだろう。困っている人達がいるなら、食品ロスをなくしたいなら、せっかく作られた食品を無駄にしたくないなら、困っている人達にそれらの食品を無料で提供すれば全てうまく行くのである。単純明快な解決方法なのだが、経済を回す側の人達は決してそのようには考えない。コンビニを経営する人たちも、大手スーパーを経営する人たちも決してそのようには考えない。生活苦の為に自殺を考え出す人が現れようと、一家心中を考えている家族がいようと決してそのように考えたりしないのである。

誰だったか忘れたが、『人一人の命は地球より重い』と大見えを切った人物がいた。影響力のある人物の発言だったので、今でもその言葉だけが記憶に残っている。困っている人がいるなら、その地球より重い人の命を救うために、廃棄しようとしている食品を無料で提供すれば良いのである。こんな理屈はネズミでも分かる。

口から血を流してまで仲間を助け出そうと必死になっているネズミ達が居た。仲間を助けたいという感情を持っていて、どのようにすれば助け出せるのか考え続けるネズミ達が居た。私が観察したのだから全て事実である。ネズミでさえ仲間を助けようとしているのである。人類もかつて助け合って生きていた。助け合わないと生きていけない時代だったから、当然の事のようにお互いが助け合おうとした。では、当時よりずっと裕福で物が溢れている現代に生きる人達は助け合う精神を無くしてしまったのだろうか。それとも、仲間と呼べる隣人を持たないつながりのない集団になってしまったのだろうか。

戦後間なしに生まれて物のない時代に育った私としては、どこかおかしい。どこかが狂っているとしか思えない。大量に生産して大量に消費しなければ経済が回らない。消費できなければまだ使えるものでもどんどんゴミとして廃棄しなければ経済が回らないそうである。まだ食べられるものであったとしても、賞味期限を短く設定して急いで消費する事を迫ってくる。そして、賞味期限の時刻を1分でも過ぎればすぐに廃棄するよう強制してくるのである。どう考えてもおかしい。

経済学者と呼ばれる人達は、この訳の分からない、経済を回す作業の後押しをしている。消費し続け、廃棄し続けるという実に単純な作業を休むことなく続けるよう、熱心に説いている。そして、国の指導者たちまでこぞって同じ考えだから、私に言わせれば、救いようのない世の中になってしまった、としか言いようがない。

大量に生産するにも、大量に消費するにも、大量のごみを処分するにも、大量のエネルギーが必要なのである。その為に限りある化石燃料を燃やし、過去の遺産である貴重な酸素を消費しているのである。馬鹿々々しい事をしているとは思わないのだろうか。

人類は単に生きて、命をつなぐだけでは満足できない生き物に変わってしまった。より快適な生活を送りたい。スマホを使ってより楽しく暮らしたい。美味しい物を他人より多く食べたい。海外旅行にも行きたい、お金持ちになって、思う存分物を買って消費したい、まだ食べられる物でもどんどん捨てられるような裕福な暮らしがしたい。

そんな際限のない、実にくだらない欲望の為に大切な自然を破壊し続けている。どこかおかしい、と立ち止まって不思議に思う人はいないのだろうか。全ての人が同じように思っていたとして、全ての人の欲求を満たす社会が人類の追求すべき理想の社会なのだろうか。そんな事はあり得ない事だと思う人は一人もいないのだろうか。

学生の頃、大阪で開かれた万博を見に吹田まで行った。どこへ行っても人だらけで並ばなければ入る事すらできない。混雑した場所が嫌いだったので、早々に引き上げることにした。入らなかったのだが、テーマパークの一つに未来館というものがあった。技術革新が進んで未来にはこんな便利な物ができるだろう。だから、人類の未来は明るく素晴らしいものになるだろう。実に歯が浮くようなセリフがいっぱい頭に浮かんできて、醒めた気分になった私が居た事は間違いない。そして、今また大阪で万博が開かれようとしている。人類に明るい未来なんてある訳ないだろう、と醒めた気分の私がここにいる。

草食動物は草の生えていない場所では生きてゆけない。草食動物の数は生えている草の量によって制限される。そして、肉食動物の数は草食動物の数に制限される。自然界では、このように全ての生き物はバランスを取りながら実にうまく命をつないできた。食物連鎖の頂点に立つ肉食動物は数が最も少なく、食物連鎖の底辺に当たる豊かな草原がなければ生きてゆけない生き物なのである。食物連鎖の頂点に居る肉食動物はてっぺんに居るのだから最も偉い存在だと思われがちだが、そうではない。多くの命に支えられているのだから、バランスが崩れれば肉食動物は真っ先に消え去る運命の生き物なのである。

では自然界の中で人間はどこに位置しているのか。道具を使い始め火を使いだしてからあとは無制限に増え続けようとしている。自然界のバランスなどとは無縁の世界に生きていると言って良い。まるで、宇宙から来た侵略者（エイリアン）のように無敵の生き物になってしまったのである。そして、加えて言うなら、残念ながら現在の人間には人口を抑制する仕組みがない。食物連鎖のピラミッドは肉食動物の数が最も少なくなって初めてバランスの取れた形になっているのである。その自然界のバランスを崩す者として人間が登場した。生物界の永い、永い歴史の中で、初めて自然界のバランスを崩すとんでもない生き物が出現したのである。しかも、そのとんでもない生き物はとんでもない事をしているという自覚が全くない。

地球の歴史の中で、それまで居なかった新しい生き物が登場した場合、その生き物が大繁殖すれば、地球環境さえも大きく変えてきた。植物の登場、古生代における陸上植物の登場、分解者としての菌類の登場、陸上植物を食べ尽くす恐竜の登場。全て、それまで居なかった生き物が登場する度に地球環境まで大きく変化したのである。しかし、それらの変化は一定のバランスを保ちながら、1000万年の単位で起こった実に緩やかな変化なのである。その緩やかな変化の中で新しい環境に適応した生物だけが生き残って来たのである。その変化に比べると

200年という年数は瞬間と言って良いほど短い。その短い年数で地球環境を変えつつあるのである。やはり、自然界では人間はエイリアンなのである。それも、とんでもなく凶暴なエイリアンが現れて自然を一方的に破壊し始めているのである。

ここまで読み進めた読者は現状をなんとなくでも良い、理解できただろうか。

このまま化石燃料を燃やし続けたとする。酸素を提供してくれる植物を伐採し続けたとする。そして酸素量が減り酸素濃度がどんどん低下していったとすると、恐竜が滅んだ時と全く同じ状況が再現される事になるのである。つまり、今より酸素濃度が低下してしまうと、地球環境は現在の酸素濃度20％の世界に合わせて適応してきた、人間を含む多くの生き物達が生きてゆけない世界に変わってしまうかもしれないのである。その時には酸素をあまり必要としない、今よりもっと小さい体の動物に置き換わるかも知れない。

動物は植物の出す酸素と、植物がコツコツと同化し続けた有機窒素なしでは生きていけない。植物は動物が居なくても生きていけるが、動物は植物に依存して生きているのである。木を全て伐採して人間が住む都市に作り替える、なんてことはできないのである。やってはいけない事なのである。

人類が繁栄する事は自然を破壊し尽くす事とイコールではない。そして、木を伐採して燃やし尽くし、化石燃料を燃やし尽くす事とイコールではない。

何故なら、貴重な酸素が減り続け、酸素濃度が低下し続けるからである。そして、地球が人類のみならず多くの生き物にとって暮らしにくい星になってしまうからである。

植物は全ての動物にとって必要なのだから、自然を大切にし、自然と共生して生きなければならない。その為に、例え世界人口が抑制されたとしても仕方がないのである。むしろ、自然を破壊し続け、人類だけが増殖し続ける今の世の中が明らかに異常なのである。

今、地球の温暖化を防ぐ為、空気中の二酸化炭素濃度に注目が集まっている。二酸化炭素には温室効果があって、熱が宇宙に逃げるのを防ぐ効果がある。その濃度が上がれば地球が温暖化して気候変動が起きる。これは既に起きている不可逆的な一方向の変化なのだから、簡単に後戻りできない。だから、がん患者のがんの進行を抑えるように、できるだけ長生きできるように、化石燃料の使用を控えましょうという考え。これが今はやりのSDGsの考えだ。しかし、この考えは快適な生活を放棄したくない人達の為のわがままな処方箋であって、根本的にがんを治療する方法ではない。がんを根本的に治療するには、苦しみを伴う荒療治が必要なのである。

何故なら、現状の生活を維持する為だけで大量のエネルギーが既に必要なのである。人口が増え続けるなら、増えた人口の分、幼い可愛い赤ちゃんの分は節約して我慢しなければならない。さらに増え続けるなら、生活の質を下げてでも化石燃料の使用を控えなければならない。多くの人が生活を切り詰めて我慢しなければ、現状の生活を維持する事さえできない時が既に来ていると思った方が良い。果たしてそれができるかどうか。

私は元々貧乏で、質素な暮らしに慣れている。食べ物が質素なものになろうと、住環境が悪化しようが一向に平気である。戦後の、物が無い時代を知っているし、分け合って助け合う生活も知っている。しかし、現在の快適な生活に慣れてしまっている多くの人には無理だろう。どこでどう間違ったのか、人類のとどまる事を知らない欲望を乗せた暴走列車はブレーキが全く利かなくなって走り続けている。いつか崖下に転落するぞ、と警告されようが、聞く耳を持たない人が多く乗っていたなら、警告者は無視されるだけなのである。しかし、私は黙っていられない。黙っていられないから本にした。一人でも多く語り継いでくれる人が現れるのを願って本にしたのである。

過去には、数千年の永きにわたって、争う事も無く平和に暮らした縄文人が居る。つつましく自然と共に生きるアイヌの人々が居る。現代人が幸せで縄文人が不幸せだったと言い切れるだろうか。現在でも、ブータン王国のように、快適な生活でなくても幸福な暮らしはできると考える人々が居る。じっくりと幸福について考え直すべきである。それも、できるだけ多くの人達が真剣に、早急に話し合わなければならない時期が来ている、と私は思う。

人類が生き残る方法

では少しでも未来を明るくする為にはどうすればよいのか。私の考えでは、植物が行っている光合成を人工的な光合成装置に作り替える事だと思っている。その装置を作動させるためのエネルギー源はもちろん無限に降り注ぐ太陽エネルギーでなければならない。

失った森林は簡単に復元できない。一旦増えた人口を減らす事などできない。化石燃料を燃やすべきではない。ないない尽くしの状況から抜け出すには、植物が行っている働きをそっくり真似て人工装置を作るのが最も良い方法だと私は思っている。

植物は無限に降り注ぐ光エネルギーを炭水化物の形で蓄え酸素を放出する。そして、厄介者の二酸化炭素を吸収する。これ程素晴らしい働きを一度に、しかも静かにこなしている植物はすごい。

気の遠くなるような永い年月の後に地球上に植物が登場した。続いて動物が登場した。最近になって知的生物も現れた。植物が作り出した有機物と酸素が無ければ動物は生きてゆけない。動物は寄生生物のように植物に依存して生きているのだから、知的生物が登場するには植物の登場を待たなければならない。すると、知的生物のいる惑星が宇宙のどこかにあったとしたら、その惑星には映画『アバター』のような大森林の存在が不可欠だという事になる。そして、地球のように酸素で満たされた大気が不可欠である。そんな惑星がどこにも見つからないなら、植物が行っている光合成は偶然の積み重ねの結果作り出された奇跡のような素晴らしい方法なのである。何億年もの永い時間を経てやっと見つけ出した人知の及ばない素晴らしい方法なのである。

その植物の働きに目を向けて研究するべきである。そして、植物の働きをそっくりそのまま加速させる装置を開発すべきである。細胞が巨大化した植物が短期間に成長したのなら、光合成加速装置も不可能ではない。その装置のエネルギー源は太陽光でなければならない。そして、有機窒素を作る装置も必要である。

もしそのような装置ができたなら、エネルギーを蓄える事ができるのだから化石燃料を燃やす必要が無い。酸素量を増やす事ができる。食料を作る事ができる。二酸化炭素の量を減らす事ができる。それらの事を無限に降り注ぐ太陽エネルギーを使って行う事ができる。私が心配している事が全て解決される。人類を救う事になるのだから開発の成功者にはノーベル賞が10個贈られる事だろう。いや、私がノーベル賞の選考委員なら、100個贈る事を進言しよう。

とんでもない財力を有して有頂天になっている人物がいるなら、その人はその研究の為に資産を提供するべきである。宝石、絵画を収集するなんて下らない事に資産を使うべきではない。一刻も早くその研究に投資し目標達成のために尽力するべきである。その研究はお金儲けを目的として始めてはならない。もちろん、覇権争いの為に使ってはならない。人類を救う目的でなければならない。

そんな夢のような装置を開発する為には柔軟な思考力と発想力を備えた若者の力が必要だと私は考えている。今までに無かった新しい発想こそ現状を打破する事ができる唯一の方法だと思っている。しかし、新しい発想を次から次に生み出す力は受験勉強だけで身に付くものではないとも思っている。

今回、私は窒素に関して新しい発想を手にした。着眼点が良かったのか面白い発想は次々に湧いてきた。僅か3か月ほどで恐竜の絶滅までたどり着いた。そして、石油がどのようにして作られたのか、その謎まで解き明かした。

作り話だと馬鹿にされる内容かもしれないが、私は短期間に一つの想像世界を作り上げたと思っている。今後、それがどのように評価されるかは問題ではない。今までに無かった新しい発想を手にし、着眼点さえよければ謎だと思われていた事を解く手がかりが得られる。その発想と着眼点を見つけ出す作業が重要な研究を成し遂げる為のカギになる。人類を救う可能性を秘めた研究の始まりはそのカギを拾う事である。

いくら成績が良くて優秀な大学を卒業した人でも、固定観念にとらわれて頭が固くなった研究者にはそのカギを拾う事は無理だと考えている。従来から積み重ねてきた研究の幅は狭く、学会と呼ばれる組織を牛耳っている人達の頭は固く発想力が乏しい。しかも、そういう人達は大抵老人である。頭の固い老人たちが保身のために若い芽を摘もうとするなら道が開けるはずがない。そんな馬鹿な事はない、と一喝して、重要なカギを拾おうとしている若者を蹴り倒すなら、夢を叶える素晴らしい研究は生まれてこない。

頭の柔らかい若い研究者が次々と出てこなければならない。彼らの頭に突然閃いた、常識をぶち破るような発想力こそ人類を救う素晴らしい研究につながるのではないかと思い始めている。

私は70歳を超えている。認めたくないが老人と呼ばれる領域に入っている。その老人の頭に、僅か3か月ほどで次々と面白い発想が浮かんでくる事を不思議な事だと思い始めている。なぜだろうか。私は、何故だろうと思う事が現れると、常識だと思われている事の一つ一つを全て疑ってかかる事にしているからである。

私は決して頭が良い方ではない。記憶力は並以下である。大学受験の時にその事が良く分かった。頭の回転も遅い。人と話をしていると、その事が良く分かる。しかし、想像力は豊かである。大学受験の際に英語の長文問題があった。知らない単語ばかり並んでいる中にアクアという単語があった。その意味は水である。知っている単語をつなぎ合わせて想像し、環境問題に関する長文ではないかと思った。そして、その考えが的中していた。

私はハリーポッターのいる世界に夢中になってシリーズの全巻を読んだ。最終話の発売が待ちきれずに原書を買って読んだ。読むというのではなく、知っている単語を眺めているだけで情景がなんとなく浮かんでくるのである。

私は想像力と創造力、その両方を持っている。今回も壮大な作り話を紡ぎ出したのだから、その能力は70歳を超えても健在だと言って良いだろう。しかし、私に残された時間は少ない。是非やってみたいと思う実験があったとしても私には無理である。

その二つの力は成績を良くする為に必要な力ではない。むしろ、成績を上げる為には邪魔な能力だと言って良い。しかし、常識をぶち破るような新しい発想を生み出すにはその二つの能力が必要だと私は思っている。

記憶力が優れていて頭の回転が速い人が居たとしても、新しい発想を産みだす能力、発想力とでも言える能力が欠けているのであれば、そんな人は重要なカギを拾う事はできない。

ここまで書き進めてきた事が全て正しいなら人類の危機はすぐそこまで迫っている。まさに切迫した状況だと言って良いだろう。必要とされている研究の主眼は生物学である。植物が行ってきた有機物の合成についてである。生活環境を良くする為の機械工学ではない。快適な生活環境を作り出すIT分野でもない。植物を手本として一から研究し直さなければならない。

世界中の学者たちは窒素の重要性に気が付かなかった。深海に恐竜のような巨大生物が生きていける高酸素濃度の生態系がある事に気が付かなかった。大型のクジラが深海でしか生きられない生物である事に気が付かなかった。歴史学者たちは過去の文明が何故滅んだのか、その理由が分からなかった。私は何故だろうと考えているだけで短期間にそれらの事に気が付いた。ウナギの完全養殖だって発想を少し変えるだけで達成可能かも知れない。

自然界には未知の世界がたくさん残っている。人類を救う研究の手掛かりは至る所にあるはずだと私は思っている。生物学者を中心としていずれ成し遂げられるだろうと思っている。

私は既に70歳を超えた。あとの事は、少ないかもしれないが、考える事のできる若者に託すしか他に方法がない。考えるという事は何故だろうと思う事から始まる。子供のような目で見て、何故だろうという思いが浮かんできたなら、その思いを大切にするべきである。常識にとらわれずに色んな仮説を立てて謎を解いていかなければならない。

そこで、私はそんな若者達にエールを送るつもりでさらに書き加える事にする。ここまで読み進めてきた若者なら苦言を呈しても自分なりの方法で受け止めてくれると思うからである。

第3部　今、若者達に伝えたいこと

ここまで、明るくない未来について書いてきた。できるだけ分かり易く書いたつもりだが、理解する事ができただろうか。

私は大学を卒業後6年間ほど高校で理科の教師をしていた。短い期間だったが、生物と地学を担当していた。だから、生物と地学両方の基礎知識が身に付いている。今も教壇に立っていたなら若者達に是非話して聞かせたいという思いで書き進めてきた。若者たちが次の時代を担っているのだから、スマホばかり見ていないでおのれの頭で考えなさい。70歳を過ぎても考え続けている人間がこうして居るのだから、柔軟で柔らかい頭を使って真剣に考える事を始めなさい、と伝えたい。

知っている事を元に発想を広げて独自の解釈を書き綴ってきた。誰の受け売りでもないのだから、仮説だらけなのだから、SF小説を一から書き始めるのに似ている。できるだけ刺激的な文章を並べるつもりで書き進めてきたのだから、間違っている部分もあるだろう。だから、そんな馬鹿な、と疑る事から始めても良い。疑った結果、調べる事から始めても良い。あるいは、今でなくても良い。先輩の一言が永く私の心の奥底に沈殿していたように、いつか私の言葉を誰かに伝えてくれるだけでも良い、とさえ思っている。

しかし、残された時間はそう多くない。人類の歴史の長さと比べて、滅びるまでの時間はとても短く、既にカウントダウンの状態に入ったと言って良いのかも知れない。

考える事から始めなさい

大学生の頃、私は大阪府立大学の遺伝育種の研究室に在籍していた。当時、教授として赴任されていたのは、栽培植物の起源について永年研究されていた中尾佐助先生である。この先生の偉い所は、当時のほとんどの学者たちから、そんな馬鹿な、と白い目で見られようと自分の考えを立証する為に東南アジアを歩き回った事である。

卒論のテーマとして与えられたのはエチオピアの栽培植物であるテフについてであった。テフとは日本に自生するカゼクサの仲間である。カゼクサは道端に普通に生えていて種はとても小さい。その、とても小さい穀物を集めてエチオピアの人達はインジェラというパンにして食べているのである。エチオピアの市場で買ってきた一袋のテフを与えられ、栽培して調べなさい、という課題だった。2年かけて栽培し、いろんなデータを集計して私なりの論文の要旨を報告しに行った時の事である。

先生は、私の考えを否定するのではなく、その場で即座に他の可能性のある考えをいくつも、いくつも披露された。その話の中にはエチオピアの過去についての話があったと思っている。栽培の起源のような話だ。どんどん広がる話に私は全く付いて行く事ができなかった。

その後、先生は数年して退官されたのだから、それなりの年齢になっていたはずである。私は正直、先生の頭の柔らかさに圧倒され、舌を巻いてしまったと言って良い。この先生は柔らか頭の権化だ、とその時に私は思った。

一つの考えに縛られると考えがその先へ進まない。考えが進まないのは柔軟な考えができないからだ。問題を解決する、あるいは謎を解くにはいろんな角度から考える事が必要だという事に気が付いた。その為には何通りもの考え方を用意しなければならない。そのいろんな考え方を用意する為に時間がかかったとしても、結果として道がつながり、見事に事が解決するなら良いではないか、と。

ある時、中尾先生に『エチオピアに行ってみないか。その気があるなら推薦状を書いてやるぞ』と言われた。先生に気に入られたのかもしれないが、当時アルバイトをしながら学校に通う苦学生だったのだから断るしかなかった。

ある意味、考えるという事は数学の問題を解く事と良く似ている。ある問題がどうしても解けなかった時、大抵、一つの解き方にこだわって解こうとしていたから、いつまで経っても解けなかったのだという事に後で気が付く。他の解き方を探すべきであって、色んな解き方がある事に気が付くべきなのである。

解き方は一通りではない。山を登るのにいろんなルートがあるように、謎を解くには、物事を解決するには、いろんな方法がある事を知るべきである。そして、どんな事であっても日頃から考えるように努めるべきなのである。

私は今、中尾先生程ではないが、柔らかい考え方ができると思っている。何故だろうと考え始めると、その謎を解く為の発想が次から次へと浮かんでくる。窒素ガスに関する発想もそのようにして浮かんできた。

例えば、論文に掲載されているグラフから、ハツカネズミが成体になった後でも成長し続けている事を発見した。人間は成人した後に成長はストップする。哺乳類は全てそうだと思っていたので私はとても驚いた。そして、その事を発見してからハツカネズミに関する謎解きが一気に進んだ。人はどうしても人間中心に考えてしまうので、同じグラフを見ても多くの学者さん達は気が付かないのだろう。

窒素に関しても同じだ。気が付くか付かないか、その差は大きく、たどり着く先まで違ってしまう。面白い発想を一つでも手に入れられれば私のようにその発想を広げて壮大な作り話を作る事だって可能なのである。その考えが否定されるべき事であったとしても、柔軟な頭で新しい発想を生み出す事が重要なのである。若者には是非その事に気が付いて欲しい。

頭の固い、固定した考えしか持たない学者は、私の考えを聞いても、『そんな馬鹿な事はない』と一蹴する。私はそうやって何度も蹴り倒されたのである。中尾先生なら私の考えを伝えた時にどんな返事をしてくれただろうかと時々思う事がある。少なくともいきなり考えを否定するなどという事はないだろう。もし、今でも生きてらっしゃったら、その考えを確認して実証するにはこんな方法で実験をすればよいとアドバイスされそうな気がする。

世間には学者と呼ばれる人であっても、どうしようもなく頭の固い人物が居るのである。そんな学者が多くたむろする学会など糞くらえ、と私は思っている。私の場合、頭の柔らかい国立大学の准教授に運よく巡り合えて、『面白い！』の一言で救われたのである。有識者の中に、頭の柔らかい人が一人でも居て、理解してもらえるのなら、それで十分なのである。

実際の所、前回出版した本を読んで面白いと返事をくれた人が6人も居た。その他大勢の人達は全く眼中にない。だから、本が別に売れなかったとしても一向に気にしない。頭の固い学者達に馬鹿にされ、全く相手にされなくとも私は一向に構わない。理解してくれる人が6人も居れば十分だ、と私は思っている。

柔らか頭の持ち主は考え方に幅があり、あらゆる可能性を否定しない。可能性がある事を考慮せず、即座に否定するなんて事は頭の固い人が権威を振りかざす時に用いる常套手段なのである。

どうしても解きたい謎があったとする。たとえ困ったとしても、頭の固い人に相談するのではなく遠回りをしてでも自分一人の力で謎解きをするべきである。その為にも日頃から頭を柔らかくもみほぐす必要がある。今までになかった新しい発想を生み出す可能性を秘めているのは柔らかい頭を持った若者だけである。

柔らか頭が役に立ったのか、単なる従業員だった私が社長に抜擢された。そして、業績が回復し好転したのだから、結果を出せたと言って良い。普通、単なる従業員が社長に抜擢される事などない。やってみるかと問われて、やってみましょうと答える従業員も居ない。業績を一気に向上させる発想を提示して、それが認められた。そして、機会が与えられた。一切ものおじする事なく引き受けて（私は楽しんでいた）それを成し遂げた。

今回も石炭について考えていて次々に謎が現れた。そして、謎について考えていく内に次々と面白い発想が浮かんできた。誰も証明できない事なので、いくつも仮説を立てて自由に推理する事ができた。立てた仮説の内のいくつかは、おそらく今までに誰も想像すらした事のないとんでもない仮説なのだけれど、妙に説得力があって面白い仮説だと自負している。そして、着眼点さえ良ければ私のように僅か3か月で恐竜の絶滅までたどり着く事ができる。全てが作り話で終わったとしても、さらに発展させれば人類にとって良い研究につながるかもしれない。現状を打破するには今まで誰も考えた事のない新しい発想が必要なのである。
では、どうすればそんな発想が浮かんでくるのか、柔らか頭になれるのか。
貧しかったから学習塾に通っていない。大学を受験する際も予備校に通っていない。だから、数学の問題を解く時に、この問題を解くにはこうすれば良い、と問題を解く為の最短経路を誰かから教えてもらう環境にはなかった。だから、自分で考える癖が付いた。
成績を上げる為だけの、問題を解く為の最短経路を教えるだけの予備校に行かなくて良かったと思っている。そんな場所ではじっくりと考える事が許されないからである。じっくりと考える癖のついていない子供達ほど良い成績を上げて良い高校に行き、良い大学に行くのだから、子供も親も迷う事無く、答えがすぐに得られる安易な最短距離の道を進もうとする。世の中に出てから分かる事なのだが、答えがすぐに得られる最短距離の道などというものはないし、物事を解決するための方法を教えてくれる人など、どこにもいない。全て自分の頭で考え解決しなければならないのである。
困難な事にぶち当たった時、人は解決方法が見つからなければ絶望する。どんなに困難な事であったとしても、解決方法は何通りもあって、探せばいくらでも見つかるものだという事に気が付かず、多くの人は簡単にすぐに絶望してしまうのである。人は一旦思い込んでしまうと、そこから中々抜け出す事ができない。考え方に幅がないからである。解決できないと思い込んでしまった人は、そこから抜け出す事ができず、挙句の果ては自暴自棄になり、無差別に人を殺してみたくなる人も現れるのだろう。

物事を解決するには何通りもの方法があるという事を知っている人の事を、考え方に幅のある人と呼ぶのである。すぐに答えが得られる道ばかり選んできた若者達の事を、敢えて短絡的な若者と呼ぶとするなら、そんな若者たちが優秀な成績を収めて高い学歴を手にしたところで、単に短絡的な大人になるだけなのである。そんな人が困難に直面した時に、そこから抜け出す方法を見つけ出せずにすぐに絶望して短絡的に考えてしまうなら、高い学歴を手にする為の猛勉強は一体何だったのだろう、何に役立ったのだろうと私は思う。

記憶力の良い人は良い成績をおさめる。頭の回転の速い人は処理能力が高く、やはり、良い成績をおさめる。そして、成績の良い人は高学歴を手にして難関大学に合格する。そして、上級公務員とか一流企業に就職するかもしれないが、そういった人は立ち止まって何故だろうと考える癖がついていない。そういった事の許されない、要求されない社会に就職する目的で勉強してきたからである。

既にある情報を記憶して素早く処理する能力が高いので、組織に変化がない時に、そういう人達は組織の歯車として重宝がられる。しかし、組織に変化が起きた時、創造力がなく洞察力も持ち合わせていないのなら、そんな人達は変化に柔軟に対処できないダメ人間として扱われる。たとえ高給取りであったとしても、頭の固い、考え方に幅のない、懐の狭い、話していて何の面白みもない人間になってしまっているのである。

こんな風に考えていくと、自分の頭で考える事ができる若者を多く育てるには、子供を取り巻く環境の中で、特に、親と先生の意識、そして高い学歴ばかり尊重する世の中の仕組みをも変えていかなければならないという事になる。学歴が高かろうと低かろうと、若者達の前途には幾つもの困難が待ち受けている。その困難に立ち向かい、自分の力で切り開いていけるたくましい若者が多く育つ事こそ重要なのである。

いつだったか、母校である公立高校が創立100周年を祝う行事があった。その行事に参加し、校長先生の談話を聞いていて違和感を覚える一言があった。『幸いな事に我が高校の生徒は真面目でおとなしい生徒ばかりです』と。

他人に迷惑をかけないという点を除けば不真面目一辺倒だった私でも温かく受け入れてくれたのが母校だと思っていた。一風変わった生徒が多く居て、それぞれが個性を発揮して楽しんでいた。先生が生徒に干渉する事はほとんどなかったと言って良い。全く自由な雰囲気で、不真面目な私でものびのびと学生生活を送る事ができた。その点で私は感謝している。しかし、今では真面目でおとなしい生徒ばかりで楽ができました、と校長先生が生徒に感謝している。どこかおかしい。

真面目でおとなしい生徒を多く育てる事は、私に言わせれば、役立たずで、くだらない生徒を多く育てる事に等しい、と私は思っている。

人間とは一見真面目に見えようが、おとなしく見えようが、内には色んなことを抱えている生き物なのである。それらを抑え込んで、ただ褒められることだけを選んで行動している生徒が居たとする。その生徒がまるで念仏でも唱えるように、勉強、勉強と唱えて、もっと大事な事をおろそかにして学生生活を送っているなら、そんな生徒は役立たずで、くだらない生徒なのである。校長先生がその事に気が付かないのなら、生徒たちは可愛そうだとさえ思っている。

学歴社会には、このような弊害がある事を若者たちも気が付くべきである。私は大阪府立大学に入学したのだが、高学歴を手にしたくて大阪府立大学を受験したのではない。当時、授業料が月額1000円で、入学金が3000円、大阪府立大学は日本一お金のかからない大学だったのである。入学金の3000円だけ父親に払わせて、後の授業料は全てアルバイトをして自分の力で工面した。親元を離れて大学近くの新聞販売店に下宿をして通学するつもりだったのだが、それは父親に反対された。大嫌いだった父親から離れて自立生活を目指していたのだが、それも反対されたのである。だから、大学を出る事に関して、親の世話にはなっていない。いや、絶対に父親の世話になどなりたくなかったのである。

当時から私は、人生とは、できるなら自分の力だけで切り開かねばならないものだと思っていた。だから常に一人で考え、実行してきた。常に自分で判断し決定して行動するのだから、他人のせいにするわけにはいかない。だから、後悔はしない。振り返る事もしなかった。ある意味、私の育った環境が特殊だったのかも知れないが、戦後の昭和時代の雰囲気が私のような考え方をする人間をたくさん生み出す素地になっていたのである。

そういう意味では、快適な暮らしを享受し続けている今の若者は可愛そうである。自分の頭で考える必要なしに快適な暮らしができるからである。努力という言葉さえ死語になりつつある。努力しないでも十分生きてゆけるからである。困難な時にこそ考える力が必要になるのだが、今の若者の周りには困難の種が落ちていない、ように見受けられる。困難に出会う事なしに育った若者は考える癖がついていない。だから、考える力もついていない。まさに脳天気な若者たちと呼ぶに相応しい生き方をしている。いつも脳が晴れの天気で曇る事さえない、ように見受けられる。

しかし、快適な暮らしはいつまでも続かないと思った方が良い。困難な状況はふいに訪れるものであり、絶望の淵はすぐ目の前かもしれないのである。そんな時に生き残れるのは、幅の広い考えのできる、懐の深い人間だけなのである。だから、まず身近な所から考える事を始めなさい。考える癖を付けなさい。行き詰まった時の出口はいくつもあるのだから、探しなさい。探しているものは必ず見つかるものだと思って探し続けなさい。その内、きっと見つかる。

私は謎だらけのネズミの社会を3年かけて解き明かした、と思っている。謎解きを3年かけてじっくりと楽しんだのである。巨大なジグソーパズルを組み立てるような根気のいる作業なのだが、これが実に楽しい。その楽しさを若者達にも分かって欲しいと思って本にしたのだが、どうやら若者達には伝わっていないらしい。できるだけ分かり易い文章にしようと、噛み砕いて説明の為にページを割いたのだが、読み解く力が無い人には難しかったようである。

よくよく考えてみれば、いつもスマホを握りしめている今の若者たちの脳はいつも晴れた天気で曇る事がない。雨さえ降らない脳天気なのである。しかし、脳天気な若者たちだったとしても未来を背負っている事に変わりはない。だから、私としてはそんな若者たちに地道にコツコツと語りかけるしかない、と思っている。

若者達よ。まず考える事から始めなさい。そして、考える訓練をしなさい。そして、柔軟な思考力を養いなさい。柔軟な思考力はすぐに身に付くものではない。だから、急いだほうが良い。

不真面目の勧め

今回、窒素に着目して考えると色んな事が見えてきた。今まで誰も着目していなかった事に少し目を向けるだけで人類にとって重要な研究の手掛かりが得られる。私はそう思っている。

例えば西洋には大陸移動説を初めに提唱したウェーゲナーという有名な学者がいる。大陸は移動するというとんでもない発想を彼がどのようにして得たのか、どのような人物だったのかを想像した時、彼は常識外れの子供のような心を持っていたのではないかと私は思った。何故なら、大陸移動説を説明する文章の中に、大陸をジグソーパズルのように組み合わせた図があったからである。もし、彼が子供のような発想で研究し始めたのだとしたら、これはとても面白い事だ。常識に縛られない発想こそが新しい研究の出発点になり得るという事ではないだろうか。

新しい研究の多くは西洋から始まっている。たくさんの法則を見つけ出したのは西洋の学者達である。常識だと思われる事を次々と覆してきたのは西洋の学者達である。これは常識に縛られない自由な発想から生まれている。日本でもノーベル賞を受賞した学者達の多くは戦後になって何物にも束縛されず自由に想像できる環境になったからだと解釈できる。中国で10億人以上の人の中からノーベル賞の授賞者が現れないのは強制された価値観に縛られて自由な発想が生まれないからだと解釈できる。

　では、人類を救うための重要な研究の始まりも、常識だと思われている事から外れた発想が必要なのかもしれない。枠にはまった考えでは成し遂げられないのだとすると、思い切って枠の外に出る事が必要だという事になる。常に枠の中に居る人の事を真面目な人と呼ぶなら、天邪鬼のように不真面目に考えてみる事も時には重要だという事になる。

　西洋の人達の多くはそれぞれが異なった考えを持っていて、枠にはまらない自由な考えをお互いが交換し合っている。その枠にはまらない自由な発想が多くのノーベル賞受賞者を育てたのではないかと私は思っている。そして、枠にはまらない自由な発想が日本人には少し欠けているような気がする。

　日本人は集団行動を好む傾向があり、変わった人だと評価される事を極端に嫌う傾向がある。仲間外れにされる事を嫌うという事だ。しかし、皆が揃って同じ考えである必要はない。むしろ皆が揃って同じ考えを持っている事の方がおかしい。

　恩師の中尾先生は新しい考えを思いついた時、その考えが今までに無かった発想である為か周囲の先生たちに受け入れられる事が無かったそうである。もし、それまでに無い新しい発想を得たなら、そして、その発想が素晴らしい物だと信じるなら、誰が何と言おうと中尾先生のようにその発想を大切にしなければならない。

　中尾先生のように集団に馴染もうとしない人が居たとして、その人を不真面目な人だと仲間外れにするなら、不真面目大いに結構である。

時々、中尾先生はどんな少年時代を過ごしたのだろうかと思う事がある。それまで無かった学説を唱えて立証する為に東南アジアを歩き回った熱量はどのようにして育まれたのだろうか。どのような環境が新しい発想を産む素地になったのだろうか。もしかすると中尾先生は私のように不真面目な生徒だったかも知れない。

中学1年生の頃に母親が亡くなった。その事がきっかけになったのか、その頃から私は真面目な生徒ではなくなった。一人息子だったので、日頃話す事の少なかった父親と一緒に向き合って暮らす事になったからである。詳しくは書けないし、書きたくもないほど大嫌いだった人と一緒に暮らす事は中1の子供にとって苦痛しかなかった。ごく普通の、ありきたりだった生活が激変したと言って良い。父の親戚は少なかったし、母親の親戚とは付き合うなと言われたので、その時から、私には頼れる人がいなくなったのである。自分一人の力で強く生きなければならない、と覚悟を決める中1の子供など、今ではそう居ないだろう。でも、当時、私の周りにはそんな子供が数人いた。そんな時代だったのである。

勉強しなさいと注意してくれる母が居なくなったのだから、家で勉強などしない。宿題もやらない。母が居なくなった後に始めた新聞配達は、時に中断する事があったとしても大学2年生まで続けた。だから、眠くて授業中でもよく寝ていた。だから断言できる。私は真面目な生徒では決してなかったのである。真面目にしなさいという縛りから解放されたと言って良く、世間の目を気にしながら生きる事からも解放されたのである。

非常識だとよく言われたものだが、常識を教えてくれる人がいなかったのだから、私にとって常識など存在しなかった。家で飼われていた犬が鎖を外されて外に放り出され、野生を取り戻したようなものである。だから、考えようによっては、実に気楽な生活なのである。

ダメな人間になるよ、と脅されて真面目に生きようとする多くの若者に言いたい。世間の目を気にしながら、時に息苦しくなるような圧迫感の中で生きている、と感じる事があるなら、そんな生活は即刻中止しなさい。自由に、のびのびと生きる道もある。そして、社会に出れば分かる事なのだが、息苦しい生活を耐えて得られる高い学歴は決して楽な生活を保障してくれるものではないのである。

大学を卒業後、私は6年ほど高校の教師をしていたのだが、ある事がきっかけで退職し、床下に潜って作業する事のある会社に入った。いわゆる3Kの仕事である。決して楽ではない仕事を選んだ訳なのだが、その後社長にもなったし、売れない本を出版するまでになった。とても面白い充実した人生だったと今思っている。ダメな生徒だったかも知れないが、ダメな大人にはなっていない。

こんな私だから断言できる。すぐに息切れして自己崩壊してしまうような生き方は、真面目に生きるという事とイコールではない。真面目に生きる事を強要された結果、その事をとても息苦しく感じているなら真面目に生きる必要はない。不真面目な生徒だと思われても良い、と開き直る事で、縛りから解放されて自由な精神が得られるのだ。

親にも言いたい。子供を追い込んではいけない。子供が抜け出せないと思ってしまうような袋小路を作ってはいけない。出口は一つしかない。だから、その出口の方向に向かってただひたすら頑張りなさい、と子供に教え込み強要する事は、とても暴力的だし危険な事なのだという事に気付くべきである。

子供の時期は、色んな事に興味を持ち始める大切な時期なのである。自然に触れて、色んな生き物が居る事を実感する時期であり、社会にも目を向け始める時期なのである。勉強しなさい。成績を上げなさい。ただそれだけを連呼して子供を追い込む事はやめた方が良い。おせっかいな親がいなくても子はりっぱに育つのである。ほったらかしで育った私が言うのだから間違いない。むしろ、ほったらかしにして伸び伸びと育った子供の方が将来立派な大人になると思った方が良い。

若い頃、私はあまり本を読まなかった。小学生の頃のある日、商店街のガラガラ抽選会で特賞が当たり、母が好きな物を買ってくれる事になった。その時に何故か、北村四郎著の分厚い植物図鑑が良いと言って買ってもらったのである。それ以来、私は色んな植物がある事に興味を持ち自然に親しむようになった。淀川で水晶の入った石を見つけたのもその頃である。中学生の頃、友達と一緒に宇治田原町まで化石採集に行った。貝化石なる物を手にしたのはその時が初めてである。枕元に置いてしばらくの間、毎晩眺めていた。

自然に目を向け、目を輝かせて自然に親しみ始めるようになった私が、その頃間違いなく居たのだ。そして、そんな私を作ったのは一冊の植物図鑑なのである。中1の時に亡くなった母親ではないし、口を利きたくないほど大嫌いだった父親でもない。

そもそも、親が子供にしてやれる事はそんなに多くない。人様に迷惑かけるような大人になっちゃいけないよ、と時につぶやくように言う位が丁度良いのである。

未来を切り開いていくのは若者である。私のように年老いてから気付く事の多い大人よりもっと早い時期に自由な精神を獲得して、柔らかい思考力を身に着けられるはずだと思っている。そして、できるなら、未来に起こるだろう数々の難題に立ち向かって欲しい。人類を救う事にもつながる重要な課題は山積しているのだが、今は手が付けられそうな気配すらない。そして、それらに取り組むのは頭の固い大人ではなく、柔軟な考えのできる若者だという事を忘れずに是非取り組んで欲しい。その為にも、考える癖をつける事はとても重要なのだ。

自信を持ちなさい

人は他人の言葉に左右されやすい。言葉に縛られて自由が利かなくなる事がある。マインドコントロールという言葉があるが、自信が持てない人ほど簡単に他人の言葉にコントロールされてしまう。言葉は使いようによって刃物のように危険な道具になり得るのだ。

高校生の頃、催眠術を少しかじって近くに住む少年に催眠術をかけた。体が棒のようになる、と暗示をかけると、その少年の体は膠着し棒のようになった。二つの椅子の間に渡してみても体は下がらなかった。面白くなったのでクラスメイトに話をし、放課後10人ほどが教室に集まったので集団催眠を行った。なんと、二人が催眠術にかかってしまったのである。

言葉には人を縛る力がある。心無い一言が元になって身動きできなくなり体を壊してしまうことだってあるのだ。では、言葉に縛られないようにするにはどうすれば良いのか。他人の言葉に左右されない確固たる自信を付けるしかない。

高校生の頃、共産主義を広めようと議論を吹っかけてくる友人が居た。そして、反論できない私が居た。友人の言葉がどこかおかしいと感じたのだが、その事を言葉にする事ができなかった。本を読む事より外に出て自然に親しむ方が楽しかったのだから、議論する事が苦手だったと言って良い。しかし、悔しい。早く自立したいと思っているのに、負けて平然とはして居られなかったからである。

その頃だと思っているのだが、たとえ言い負かされたとしても平気でいられる考え方を発見し、自分を納得させることができたので紹介する。私なりの処世術ができあがって、それ以来私は世間の目を一切気にしなくなった。自信が持てなくても、他人の言葉に左右されなくなったのだから、私にとって便利な処世術だ。

世間と私との関わりを芝居に例えた。観客は私一人なのだから、私が居なければ芝居は始まらない。私が主人公であり、芝居の脚本は私が書くのだから、物語を面白くする為には主人公の設定まで変える必要がある、と考えた。つまり、性格まで変えなければ、面白い人生を送る事ができない、と脚本家である私が考えたのである。

友人の心無い一言にいつまでもこだわり、いじいじ、おどおど悩むなんて性格は主人公にふさわしくない。主人公は私であり、身近にいる全ての人は脇役に過ぎないのだから。そして、脇役はいずれ舞台から姿を消す通行人のようなものであり、その脇役のセリフにいちいち振り回される主人公などみっともないではないか、と私は考えた。

物事に動じない主人公であり続けるには体力が必要であり、先ず体を鍛えなければならないと考えた。次に必要なのは心、つまり、精神力であると考えた。つまり、少々の事では動じない度胸のようなものである。そして、何度叩かれても逃げ回るゴキブリのようなしぶとさも必要だと考えた。一人強く生きるにはゴキブリぐらいのしぶとさが必要だったのである。

中学生の時に買った大きめの学生服を高校生になっても着続けていた。ある夏の日帰宅途中に大雨になった。雨宿りをするわけでもなく歩き続けている時に面白い事に気が付いた。足元から茶色い汁が出ていたのである。一度も洗った事のない学生服をその時に初めて洗った。大学生の頃、通学途中に革靴の先がパカッと開いてしまった。歩きにくいので途中の駅で下車し、何か縛るものがないか探した。荒縄があったのでそれで靴の先を縛って学校まで行った。こんなエピソードは他にいくつでもある。

恥ずかしいという感覚は全くなく、誰かにその事を話す訳でもなく、こんな奴はそういないだろうと一人面白がってやっていた。当時から私はまさにゴキブリのような生活をしていたのである。

少しぐらいの雨なら、傘を持っていたとしても広げて使う事はなかった。ある時後ろからやって来た友人が「面白い事をやっているな」と言って傘を閉じて並んで歩く事になった。変わった人だと思われる事を楽しんでいる私が高校生の頃から既に居たのだが、そんな私の事を面白いと思う友人もいたのである。性格が合わないと思う人は近寄って来ない。面白いと思ってくれる人は近寄ってきて話しかけてくる。他人の目を気にしない生き方を続けていると、時に得難い友人と知り合いになる事があるのである。

学生時代は人間形成のための大切な時期だという考えがある。もしそうだとすると、性格まで変える事ができて、一気に変貌してもおかしくないのが学生時代なのである。男子三日会わざれば刮目《かつもく》して見よ、という言葉がある。急に大人びた事を言い始めたっておかしくない時期なのである。

世間知らずだと言われようが、常識外れだと言われようが、芝居の主人公は私であり観客も私だから、世間に遠慮ばかりしていたなら芝居は進まない。一風変わった脚本で書き進め、観客である自分がそれに喝采を送るのであれば、それで良いではないか。その結果、社会に迎合することのない確固たる自信が形作られるなら、日頃不真面目な奴だと思われても構わない。親の目だって気にする事はない。言い訳も必要ない。自分の可能性を信じて疑わない事こそ自信につながるのである。

ほとんど本を読まずに青春時代を過ごしたのだが、今こうして、思う事を本にしようとしている。思う事を文章にする才能を文才というなら、こんな私にも文才があったのだ。その事に気が付いて私は今とても驚いている。人にはそれぞれ隠れた才能があるのだ。そして、それを磨くのも腐らせるのも本人次第なのだ。粘り強く諦めずに取り組む事ができるというのも一種の才能だ。他人が真似できないぐらい粘り強く物事に取り組めば、やがて達成できる事が増えてくるだろう。そうなれば自然と自信が湧いてくるのである。

スマホを卒業しなさい

私は見た物と触れるもの、経験した事しか信じない。特に人間関係では、又聞きの内容は一切信じない。噂話の多い井戸端会議で語られる内容はあてにできない。それと同じ理由で、友人同士だったとしても、私の方から他人の悪口は言わない事にしている。そして、他人の悪口に相槌を打つことも禁じ手である。噂話の好きな人は大勢いるのだから、回りまわってどんな災難が降りかかってくるか分からない。

催眠術について既に述べたが、言葉には人を操る力、縛る力がある。逆に言うと、人は言葉によって簡単に操られたり縛られたりするのである。そして、厄介な事に人は一旦思い込んでしまうと、中々その思い込みから抜け出す事ができない。まるで催眠術にかかってしまったかのように言葉に支配されてしまう。その結果、修復不可能なぐらい仲が悪くなって争いが始まる事があるし、場合によっては殺人事件に発展することだってある。だから言葉は意志を伝える為の便利な道具なのだけれど、気を配って慎重に扱わなければならない。

会話をするだけでもこれだけ神経を配らねばならないのに、SNSを利用する若者たちは平気で文章のやり取りをする。文章は後々まで残る証拠品のようなもので取り消すことはできない。口は禍の元、という言葉がある。今の若者たちは禍の元を文章として、証拠品として残しているのである。それも、気を配る訳でもなく短時間の内に頻繁に。禍の元を自分から進んで振りまく行為は実に馬鹿々々しく見える。私にして見れば、そんなどうでも良い事に時間を割いてスマホにかじりつくのはやめなさい、と言いたい。

駅の構内でも、電車に乗っても、若者の大半はスマホをいじっている。それぞれの若者がとても重要な内容をやり取りしているとは思えない。寸暇を惜しんでゲームをしているのか、漫画を読んでいるのか、動画を見ているのか、どれにしても月々かなりの金額を払って、そして、金額以上の貴重な時間を使ってスマホを握り続けている。誰も言わないのなら私が言おう。これは依存症という病であり、中毒症状だと言って良いだろう。

人生は短い。生きた証を残したいと思うならさらに短くなる。人間形成の為にとても重要な若者の時期に無為な時間を過ごさないで欲しいと思う。

幻冬舎の編集者だったと思うが、前作『捕獲具開発と驚くべきネズミの習性』の下書き原稿を読んで面白い内容だと言った。そして、ホームページを作ってはどうかと勧めてくれた。ネット社会なのだから、インターネットを通じて広める方法を提案してきたのである。本を売る為には、そして、多くの読者に本を読んでもらうには最良の方法かもしれないが私にはその気がない。何故なら、私はネット社会そのものを軽蔑しているからである。

私はこの本を纏めるに当たって大いにネットを活用した。便利な道具である事は認める。しかし、若者たちに垂れ流している害毒には我慢がならない。若者たちの脳に与える悪影響には計り知れないものがあると思っているからである。スマホは非常時に有効に使うなら道具として役立つが、常に握りしめて操作する必要はない。

私が若者に望む事は、現状を打破する新しい発想力を身に着ける事であり、常識に縛られる事なく自由に羽を広げて考える力を養う事である。それらの力はスマホを握りしめて画面を長時間眺めているだけは、決して身に付く事は無い。これは断言できる。若者たちはその事に気が付かなければならない。

私は学生の頃、よく1人で旅行をした。アルバイトをしてお金がたまると、次はどこへ行こうかとすぐに思案し始める。知らない土地へ行き、方言が飛び交う場所で色んな人と出会って話をする。大阪しか知らない私には、それだけでも十分ワクワクできたのである。

鹿児島湾に面した所に電車が走っていた。乗り込んで、周りにいる人達の会話に耳を傾けた。分からない言葉が飛び交っている。高校生たちの会話なら分かるだろうと思って近づいて行った。知っている単語が出てくるのだが、早口でしゃべっていて話している内容が良く分からない。

日が暮れて来て宿を探す事になった。出会った人にその事を尋ねると、泊めてあげるよと言われた。2階の部屋で休んでいると、近くに住む老人がやってきて会話が聞こえてきた。会話が弾んでいるようだが、何をしゃべっているのかが全く分からなかった。言葉が理解できないなら、外国を旅行しているようなものである。

山へ入ると知らない植物がある。知らない蝶も飛んでいる。時には、思いがけない事に遭遇する事もある。

珍しい蘭を探して九州の大隅半島まで行った。山に入って暑くなり、涼もうと思って大きな岩の上に登った。見晴らしが良くて風の吹き抜ける最高の場所だったのだが、足元を見ると糞がある。人糞に似ているが少し小さい。わざわざ岩に登って用を足す子供などいないだろうから、サルの糞だという事になる。私はサルと同じ目線で、サルと同じ気分で涼んでいたのである。家に閉じこもっているだけの生活では、こんな面白い経験はできない。

思いがけない経験ができるという事は、一気に視野を広める事ができるという事と同じなのである。得難い経験こそ消える事のない貴重な財産なのである。スマホを握って自宅に籠っているだけでは決して手に入らない物が、外に出ればたくさん転がっている。若者はその事に気が付くべきである。だから、早くスマホを卒業しなさい、と私は言いたい。

スマホの画面を通して得られる情報は全て仮想空間のようなものであって真偽を確認する事ができない。そして、自分に都合の良い情報だけを選んで見ているのだから、意外性がないし、その情報から発展して成長する事も無い。だから、後で振り返ってみて何も心に残っていない。しかし、経験を通して得た情報はいつまでも確かな事として心に残っている。その違いは大きい。だから、若者は外に出なさい。外に出て山へでも行きなさい。新鮮な空気を吸って、どのように生きればよいか考え直しなさい。

世の中に出て必要とされているのは技術、経験、能力なのである。それらは短期間に身に付くものではない。そして、スマホを握りしめているだけでは決して身に付かないものばかりなのだけれど、その事に気が付かない若者が増えている。そして、その事を一番よく知っているはずの大人も何故か静観していて若者に対して注意喚起をしない。若者に遠慮しているのかしらないが、スキルを身に付ける為に努力しなさいとは言わないようになっている。

どこかおかしい。私からすれば、若者たちは携帯会社に洗脳されて操られ、踊らされているようにしか見えない。若者たちは集団催眠にかかったかのようにスマホを握りしめ、新興宗教の信者のように携帯会社に対して献金し続けている、ように見える。地下鉄に乗っている乗客の内、ほとんどの若者がスマホを握りしめている光景は異常だとしか言いようがないのだが、誰もその事を不思議な事だとは思わないようになっている、らしい。では、全ての乗客が集団催眠にかかっているのだろうか。十分あり得る事だと私は思っている。人間とは不思議な生き物なのである。

心に残らない、あやふやな情報ばかり垂れ流すスマホは若者にとって毒ガスのようなものである。しかもその毒は考える力に障害を与える神経毒に近い。だから、私は若者を駄目にするしか能のないネット社会を軽蔑する。軽蔑しているのだから、読者を増やしたいと思っても利用する気にはならない。

私がターゲットにしているのは神経毒に侵されていない数少ない若者なのだけれど、できれば、その数少ない若者の数を増やしたいと思ってこの項を書き加えた。

おまけ　人類と他の動物達との比較

以下の文章は前作を書き終えた後で、思いつくままに書き始めた文章である。だから、ネズミの話から始まっている。前作を読んでいない人には新鮮に思えるだろうと思ってそのまま使うことにした。本編とは違った内容なので、おまけのような話である。しかし、人類は何故争うのかという実にシンプルだが奥深い謎に対して私なりに考えてみた。

ネズミについて

ネズミがどのような暮らしをしているのかなど、ごく普通に暮らしていた私にとっては全く興味の対象ではなかったし、実にどうでも良い事のように長く思っていた。

しかし、仕事としてネズミを駆除するようになり、厨房内を我が物顔で走りまわるやつらの様子を見て徐々に心は変化していった。特にビルの中を走りまわるクマネズミは手強くて、食事処ではもちろん毒餌は使えないのだから、まさに難敵と言って良い。いつまでたっても駆除しきれないのだから、お客様の視線が日増しに冷たくなり、その冷たい視線が何度も我が身に突き刺さるようになった。新しい駆除方法が現れないのであれば、ネズミ駆除はできるだけ引き受けたくない仕事になった訳である。

その後、雇われ社長なのだが、代表取締役になった事がきっかけで、改めてネズミの駆除方法の開発に取り組む事になった。ドブネズミは捕獲籠を使えば捕獲する事ができるのだが、天井を走りまわるクマネズミの方は容易に捕獲できない。そのクマネズミ対策としての捕獲具を開発する事ができれば同業者は喜んで使うだろうし会社として大儲けできるだろう、と考えて取り組み始めた訳である。

　苦節10年。いろんな仕掛けを作って特許を3つ取得するまでになり、クマネズミを捕獲できる仕掛けを作る所までいって、一時は大喜びしていたのだが、どんな場合でも、すぐに捕獲できる訳ではない事が分かってきた。すぐに捕獲できる場合があるかと思うと、いつまで経っても捕獲できない場合がある。すぐに捕まえる事ができた現場では、『すごいねー。この籠はどこで売っているの？』と聞かれるのだが、中々捕まえられずにいる現場では、お客様の視線がどんどん厳しくなっていく。最近になってネズミが天井で暴れだした、といった現場では、そいつさえ捕まえれば解決すると私は考えて積極的に捕獲籠を使うようにした。設置する捕獲籠の数を多くすればすぐに捕まるだろうと思った。しかし、そんな現場に限って中々捕まえられない。挙句は邪魔だから全て片付けるように言われる。捕まえられない場合の理由が全く分からなかったのだから、商品として発売する訳にはいかないと思った。そして、何度も失敗する度に『クマネズミ、恐るべし』と一人何度もつぶやく事になった。

　ネズミ達は良い匂いのするパンの入った捕獲具にはすぐに気付くだろう。そして、その怪しい箱を前にして奴らはいったいどのような思いで箱を眺めていたのだろうか。色々考えてみたが分からない事が多すぎて考えが進まない。ネットでネズミの事を調べてみたのだが、全くと言って良い程使える情報がない。設置を繰り返しながら一から自分で確認するしかなかった。当時、撤退する事を考え始めるぐらい行き詰まっていたのだが、ある事がきっかけでネズミの事が分かり始めたのである。

捕獲具開発の終盤になって、ハツカネズミを連続して捕獲できる捕獲具を作った。観光牧場で捕獲実験を始め、面白くなったので160匹も捕獲してしまった。そして、捕獲した個体を冷凍保存し、研究施設に送ってそれぞれの個体についての詳細を送ってもらった。捕獲までの日数がデータに加わっているので、どのような個体がどのような順番で捕獲具に入ったかを知る事ができた。過去にこのような捕獲具はなかっただろうし、きっと世界初の試みに違いないとその時に思った。だから、漠然とではあるが、何か面白い事が分かるだろうと思っていた。

結果とその詳細については『捕獲具開発と驚くべきネズミの習性』で既に述べているので割愛するが、私にとって実にワクワクするような内容であった。子供のころ、淀川の近くでオニヤンマを初めて見た時のように、また、恩地の山の中でオオムラサキの雌がグライダーのように雄大に飛翔するのを初めて見た時と同じように、知り得た事を誰かに話したくて口の周りがむずむずし始めたのである。その内容はまるでおとぎ話の世界のようなものばかりなので、学会と呼ばれる場所で公になる事はないだろうし、ほとんどの専門家から相手にされないだろう。しかし、観察した事とデータをまとめて作ったグラフは全て実際に起こった事ばかりである。

退職後に、ある国立大学の准教授の協力を得て3年がかりで1冊の本にしてまとめ出版した。マニアックな一般向けしない内容だったのでほとんど売れなかったと言って良い。しかしその半面、本が売れなかったとしても、一部の有識者から高い評価をいただけたので、それで十分だと考え一人悦に浸っているのは間違いない。
出版後の数年間、さらに色んな事について考え続けた結果、想像はどんどん膨らみ、再び口の周りがムズムズし始めたのである。私は是非その内容を本にしたいと思った。ネズミの事を知らない人の方が多いと思うので、まずはきっかけとなるネズミの社会について知り得た事を述べる事にする。

ネズミの社会

おそらく、ほとんどのネズミに共通すると思っているのだが、ネズミ達は集団生活を行っていて、その集団内では近親交配が普通に行われている。その為、遺伝子内容がそろっていて、同時期に生まれた子達は体格も性格もそろっていて同じ行動をとろうとする。人間で例えるなら一卵性双生児が複数人いるようなもので、お互いが言葉を使わないでも理解しあえる間柄だと言って良いだろう。匂いでお互いを識別する事ができるのだから、暗闇の中でも仲間かどうかわかっている。集団内には集団を維持し円滑に事を進める為の約束事があって、それぞれの個体が忠実にその約束事を守っている。だから争いごとはめったに起きない。実に平和な社会だと言って良いだろう。
ネズミに学習能力がある事は以前から知られていた。私もその程度の知識しか持ち合わせていなかったので、観察した事はどれも驚きの連続だったし、得られたデータを元に作ったグラフは謎だらけだったと言って良い。謎を解いている内に、ネズミにも感情がある事に気が付いた。集団内にある約束事を守るためにネズミが我慢している事にも気が付いた。言葉を持っていないという点を除けば人間と同じだったのである。

私にとってこの発見は実に驚くべきことで、生き物について考え直すきっかけになった。思いがけない身近な所に、平和に仲良く集団で暮らす生き物が居る事を知ったからである。

口から血を流してまで仲間を助けようとするネズミが居る事を知った。集団内にある約束事を忠実に守って、目の前にあるパンを食べようとせず、来る日も来る日もじっと我慢しているネズミが居る事を知った。そして、ネズミがこのような生き方をしているのであれば、きっと他の生き物も同じであるに違いないと思った。言葉を持たない生き物達にも人間と同じような感情があって、中でも集団で暮らす生き物達はお互いを認識しあい助け合って生きているに違いないと思ったのである。

ある書物には、原始的な哺乳類は約7000万年前に登場し、その姿はネズミのようなものであったろう、とある。その後、サルの仲間から進化して今から2～300万年前にやっとヒトが登場しているのだから、ネズミは人にとって大先輩の流れをくむ生き物であって、現在でも種として最も良い形でしたたかに生きていると考えて良いだろう。単にネズミと言って侮るなかれ、である。駆除すべき生き物として調べ始めたネズミでさえそうなのだから、地球上に今も生き続けている多くの生き物達の事を、同じ地球に生きる仲間だと考えて認識し直し、温かい目で接するべきだと私は思った。

では、ささいな事ですぐにいがみあってしまう人間とはいったいどんな生き物なのだろうか。ネズミ達同様にヒトも集団生活を行っている訳だが、豊富な化石燃料を使って実に快適な豊かな暮らしができるようになったはずなのに、何故ヒトは今も争い続けているのか。

動物の世界でも食料が少なくなった時に生き残るための争いが始まる。そして、強い者が生き残る。これは自然の掟だ。しかし、食料が溢れかえっている現在の人間社会で一向に戦争がなくならないのは何故だろうか。戦争とは、若者が武器を持って見ず知らずの人を殺しに行く事である。そして、それを命令するのは決まって運動能力の低い老人だ。

たくさんの人を殺す事ができた人は褒められて勲章をもらえる。オリンピックで優秀な成績をおさめた人がメダルを貰えるのと同じようによくやったと褒められるのである。

平和に暮らしているハツカネズミなら、こんな人間の社会を見てどう思うだろうか。私が若者であったとして、人をたくさん殺してこいと言われたら拒否するだろう。普通、社会では人一人殺しても殺した人は殺人鬼と呼ばれる。その行為は鬼のする事であり、人が鬼と呼ばれるようになるのである。この場合の鬼とは、感情を持たない、ただ凶暴なだけの生き物の事を指している。感情を持たずに、鬼のように人を殺してこいと命令されて素直に従う若者はそういないだろう。そう簡単に感情を捨てる事はできないし、場合によっては殺されるかもしれないからである。

集団で生きる多くの生き物たちは、外敵から身を守る時、あるいは厳しい自然環境から身を守る時にお互いが助け合って生きている。ネズミでさえ仲間を助けたいという感情を持っているのに、人間社会ではその感情を捨てなさいと言われ、人を殺してこいと命令されるのである。そして、感情を捨てて平気で人を殺す事ができる人は時に英雄と呼ばれ尊敬される。何故だろう。どうしても私の疑問は、他の生き物達とは大きく違う、実に不可思議な生き物である人間の方に集中してしまう。
武器を持たず、魚や貝を食べて数千年の間平和に暮らしたであろう縄文時代の人達の姿も浮かんできた。今と比べて、たとえ豊かでなかったとしても大勢が殺し合うなどという事はなかっただろう。北海道に住んでいたアイヌ民族も永く穏やかな暮らしを続けていただろうと思うと、何故豊かになったはずの今の世の中で戦争がなくならないのだろうか。
豊かさは幸せな未来を保証するものではないのか。技術革新によってもたらされたより快適な生活は明るい未来を実現させてくれるものではないのか。ある段階で立ち止まり、ネズミのように分け合って豊かさを共有しようと思えば何時だってできるのに、それをしないで争う方を選ぶのは何故なのか。
肉食動物が草食動物を捕まえて殺すのは生きていく為には仕方のない事なのだが、単に相手の命を奪うだけの武器を開発して、その使い方を熱心に訓練する集団が居るのは何故だろう。そして、たった一つの爆弾で数十万の人の命を一瞬にして奪う必要がどこにあるのだろうか。ネズミの社会を見て浮かんできた素朴な疑問である。
一旦疑問が生じると、しつこくその答えを探し出そうとするのが私の生まれつきの性分なので簡単にあきらめる事ができない。
これはヒトが他の多くの生き物とは違っているからだと考えるしかない、と私は思う。ではどこが違うのだろうか。地球上に生きる多くの生き物と人を同じ土俵に上げて比較してみた。

ヒトと他の生物との比較

善と悪

その昔、ギリシャだったと思うのだが、人は生まれつき善なのか悪なのかと言った論争についてである。ヒトは生まれつき善なのだが悪に染まってしまうという考えと、生まれつき悪なのだから、教育によって変えていかなければならないというヒトに対する異なった二つの説である。

ネズミの社会でこの事を考えてみよう。目つきの悪い悪ネズミがいて人のよさそうな善ネズミをいじめる、などという事はないだろう。単に集団内にある約束事を守ろうとしない奴が居た場合、そのネズミが懲らしめられるだけなのである。ヒトの場合でも集団内にある約束事を守ろうとしない者が現れた時にその者が罰を受けるだけだから、人が生まれつき善なのか悪なのかは不毛な論争だという事になる。

しかし、やっかいな事に人は善人と悪人が居る事を前提にして悪人探しを始める事がある。生まれつきの悪人がいて、その行いはとても凶暴だ。だから、悪人を野放しにしてはいけないし、探し出して滅ぼさなければならない、と。日本では鬼にまつわる伝説がそうなのだが、その傾向は現在アメリカで作られている映画に良く表われている。スーパーヒーローが登場して巨大な悪にいどみ、多くは最後に一対一の対決で主人公が悪の象徴であるボスを倒す、といったストーリーの事である。

振り返ってみるとこの傾向は映画の世界だけではない。かつてアメリカが共産主義勢力を悪だと決めつけた時にはアメリカ国内にいる人達が集団で疑わしい人を告発し赤狩りを始めたのである。赤は共産主義を象徴する色であり、共産主義に染まった知識人を探し出して告発する事を赤狩りと呼ぶ。

ベトナム戦争では圧倒的な武力で共産主義が拡散するのを押しとどめようとした。多くの若者が武器を持ってベトナムに行きベトナム人をたくさん殺したのは事実である。このおせっかい極まりない戦争もアメリカ国民の総意で共産主義を悪だと決めつけた時に始まったと言って良い。共産主義の根っこには暴力による革命があるのだから、平和に暮らしている民主主義を信奉する人達にとって迷惑この上ない。その事はわかる。しかし、平和に暮らしていた一般のベトナム人達まで殺して良いわけがない。では悪とは一体何だろうか。単に理解できない相手を悪だと決めつけたいだけではないだろうか。

イスラム教を信じているある国家では勧善懲悪省という国の機関がある。その国ではイスラム教が善であり、それ以外の考え方は全て悪であって処罰しなければならない事になっている。

ネズミの社会では近親交配が普通に行われている。その結果、遺伝子内容が揃って居るのだから、言葉を使わないでも相手の行動が理解できる。したがってネズミの社会では悪は存在しない。ヒトで例えるなら一卵性双生児が大勢居るようなものなのである。人の社会でも、相手を理解する為に多くの言葉を必要としない集団があるなら、その集団に悪は存在しないと言って良いだろう。

昔、山間にある兄の家を訪れた時の事である。野良仕事に出かけたのか家には誰も居なかった。鍵はかかっていない。それどころか鍵その物が付いていなかったのである。兄にその事を尋ねると、この村に悪い人は住んでいないから鍵をかける必要がないとの事であった。

家族を守る為に、また、おのれの身を守るために銃が必要なアメリカ社会とは大違いである。では、人が集団で暮らすという点では全く同じなのに、アメリカと日本のこの大きな違いは一体どこから来るのだろうか。武器を持ち狩猟生活を原点とする民族とお互いが協力しないと成り立たない農耕民族の違いが大きいのではないかと私は思っている。そして、同じ人間なのだから、話し合えばお互いを理解しあえるといった考えそのものが疑わしい。同じ人間なのだけれど理解し合えない部分があっても不思議ではない、と考えた方が良いのだろう。

ヒトは相手を理解できない時に相手を力でねじ伏せようとする。その傾向はアメリカなどの狩猟生活を原点とする民族で強く、お互いが助け合わないと成り立たない農耕民族では弱いのだろう。そして、日本では毎年台風がやってくる。地震活動も火山活動も活発なのだから、日本人はその自然災害の度にお互いが助け合って乗り越え復興を繰り返して生きてきた。我慢し耐える事に慣れている民族と言って良く、西洋の人と比べて感情表現が苦手なのもそのせいだろう。感情を表に出し、我慢しないで意見をぶつけ合う暮らしは、アメリカでは普通かも知れないが日本人に向いていない。

同じ人間なのだが、民族が違う場合、理解し合えない部分があっても不思議ではない事をお互いが認識すべきなのである。

しかし、ネズミ社会のように、平和に暮らしたであろう縄文時代の人達のように、殺し合わないで平和に暮らせる世の中にならないものだろうか。

宗教について

多くの生き物とヒトを同じ土俵に上げて考えるとした場合、ネズミを含む多くの生き物に宗教など存在しないだろうし、神に祈りを捧げるネズミなどいないだろう。多くの生き物の世界に神など存在しないのだから人の世界にも神など存在しないのだろう。私としては、このような全くシンプルな考えしか浮かんでこない。

しかし一方、人の社会には多くの宗教が存在し、中でも神がいると信じる人の数は数十億人に達するだろう。その世界人口のおよそ半分に当たる人達を敵に回しても良いと思えるほどに私の考えは固まっている。

地球上に長く暮らしてきた多くの生き物たちの数はもちろんヒトの数より多いだろう。そんな彼らを地球上に暮らす仲間だと考えて同列に扱い、多くの生き物それぞれの世界に神が居ないのなら、人の社会にだけ神が存在するのはおかしいではないか。

多くの生き物と人間を一緒にして考えるなんて、実に不謹慎だと怒りの声が渦巻いて私に襲い掛かってきそうなのだが、サルの仲間から進化してきたはずの人間だけが特別な存在だとする根拠は世界中探したってどこにもない。それとも、人間は神に導かれて他の宇宙からやってきた異星人だとでも言うのだろうか。もし仮にそうだとしても、神の存在を信じる民族ごとに異なった神が存在するのだから、人を導いた神も複数人いて異世界からやってきたことになる。どう考えたっておかしいではないか。

実にくだらないと思うのだが、同じ宗教を信じていても少しの解釈の違いから宗派が分かれてお互いが殺し合っているのが現実なのである。宗教の違いから始まった争いが戦争にまで発展し、かつて隣人同士であった人までがお互い殺し合いをする状況はネズミ目線に立ってじっくりと考えれば、どれほどくだらないか良く分かるだろう、と私は思う。ある考えに支配されるとヒトは全く融通の利かない存在になってしまって、平気で殺し合いをする。人とは、そんなくだらない生き物なのだ。

第二次世界大戦の頃、ユダヤ教を信じる人々がナチス政権によって大量虐殺された。これもユダヤ教の教義を全く理解できない人々が異教徒狩りを行ったようなものだ、と解釈する事ができる。現在中国で行われているウイグル族に対する弾圧も、イスラム教を信じる人々を中々同化できない苛立ちから起きた事だと解釈する事ができる。日本でも過去に隠れキリシタンに対する弾圧があったのは事実なのだから、一旦神の存在を信じた人は、弾圧を受けようと、殺される危機にさらされようと、信仰を捨てる事ができないと考えた方が良いのだろう。そして、そんな人々を平気で弾圧したり殺したりしてしまうのも人間という生き物なのだろう。

神の存在を信じて疑わない人達にとって、私のこの発言はとても危険なものであって場合によっては死刑宣告され、暗殺者まで差し向けられるかもしれない。中世のヨーロッパでは実際に魔女狩り裁判などで異教徒を火あぶりの刑にしていたのだから、神を信じて疑わない人達の前では私のような無神論者はただ黙ってやりすごすしかないという事になる。

しかし、私は何度でも言いたい。神は存在しない、と。

神の存在を生きる拠り所にしている人がいるのは事実だし、その人たちの生き方をけなそうなどと思っていないのだけれど、信じる神に命を捧げ、飛行機を乗っ取ってニューヨークにあるツインタワービルに突っ込んだ人がいたからアフガン戦争が始まったのである。神の存在を否定し、その神を冒涜した本を書いたという理由でその著者に死刑宣告がされた。そして、その著者は先日暴漢に襲われた。そして、その本の和訳をしたというだけで和訳をした日本人は殺されている。

ある宗教では神の存在を否定し冒涜する人がいれば、その人が悪人なのである。そして、相手が巨大な国家であったとしても、神の名の元に、悪を滅ぼすために身を捨ててまで徹底して戦う事こそ正義だと考えている人がいるのである。集団でお互いが相手を悪だと思い込んでしまっていて、過激な行動に走ってしまう人が大勢いる以上この争いは収まりそうもない。全て宗教の違いが原因なのである。

ネズミ社会のように言葉を使わないでも相手の行動が理解できるなら争いは起きない。人間の社会でも集団が小さい時には約束事が少なくてお互いがそれを守る事は簡単だ。だが、集団が大きくなってくると、争いごとを無くす為には細かい事にまで取り決めが必要になってくる。その細かい取り決めの事を教義と呼んで、集団内の全ての人がその教義に従順に従うなら集団内で争いは起きない。しかし、教義を守ろうとしない人が集団内に現れた場合にその人を脅かすための方法として地獄が現れたのだろうし、導いて平和な生活を保障してくれる神も出現したのだろう。神の存在も含めて集団内の全ての人がその教義に従順に従うのなら、大きい集団は争いのない社会になる。しかし、その平和な大きい集団を民族と呼び、その民族の教義に従わない民族が現れて教義である教えを否定した場合、その民族は平和を乱す悪い民族という事になる。では、争いはなくならないのだろうか。

単に宗教の違いが戦争の種になって今も殺し合いが続いているのは事実なのだから、例えばネズミ社会のように、数千年間平和に暮らし続けた縄文時代のように、争いの前提であるお互いの神の存在がそれぞれの社会で否定されて無くなったとしたら、争う理由は霧のごとく消え失せる事になる。

無茶苦茶な理屈かも知れないが、宗教とは元々集団が平和に暮らすための約束事に過ぎないのだから、その原点に立ち返って、それぞれの宗教指導者が平和に暮らそうではないか、と宣言すれば争いを無くす事ができる。どれぐらい時間がかかろうと争いを止める方法はこれしかないと私は思っている。

幸いな事に日本人の心の奥底には仏教が根付いている。仏教とはお互いが争わないで済むための教えであって、人様に迷惑かけちゃいけないよ、と母親が子に教え聞かすような優しい宗教なのである。私は神の存在を信じていないが、お互いが争わずに平和に暮らせるのなら喜んでその教えを広めたいものである。

あとがき

先日、大阪湾に迷い込んだマッコウクジラについての続報がニュースとして伝えられた。46歳の雄のマッコウクジラと分かったので、群れから離れた子クジラが大阪湾に迷い込んだとは考えにくい、と専門家がコメントしていた。私より若いマッコウクジラだ。80歳まで生きるマッコウクジラもいるらしい。最大のものは16～18mだそうだ。私と同じぐらい生きて16mの大きさになるにはどのようにして成長したのだろうか。学者たちはこの事をとても不思議な事だと思わないのだろうか。

そして、その死因についても謎のままらしい。マッコウクジラが集団で生きる生き物だと思っているから不思議だと思うのであって、常に単独行動をしていると考えると、その行動が理解できる。そして、酸素が豊富な深海に戻れなくなり酸素不足になって死んでしまったのである。マッコウクジラは恐竜のように高酸素濃度の環境で生きているのである。深海には高酸素濃度の環境があるのである。

例えるなら、大阪湾に迷い込んだマッコウクジラは、めったに登らない富士山に単独で登って高山病に罹ってしまったようなものである。大阪湾に迷い込んだ原因を考えるなら、磁気を感知する能力が低下して方向感覚を無くしてしまったのだろう。クジラの専門家に私の意見を伝えればどんな反応が返ってくるだろうか。そんな馬鹿な事はないと相手にされない光景が目に浮かんでくる。

私は何故だろうと一旦思い始めると、どうしてもそれを追求して考えてしまう。難解なパズルを前にして目を輝かせて取り組もうとしている子供のように夢中になってしまうのである。今回も恐竜について考えていると次々と謎が現れた。子供のような目線で単純に考えているだけで何故だろうという疑問が自然に湧いてきた。そして、いくつもの仮説を立てながら考えて順に謎を解いていった。解けたと言っても、自分なりのストーリーを作り出したに過ぎない。しかし、そのストーリーを作り出すまでの過程が実に楽しい。SF小説を書く作家のような気分になれるのである。

発想の源は全てあまのじゃく精神だと思っている。多くの人が同じ方向を向いて走っている時に、いつも私は立ち止まってしまう。集団行動が苦手なのかもしれないが、何故みんな同じ方向を向いて走っているのか、その理由が分からなくなるのである。世間で言われている常識が身に付いていないからだろう。そんな事は常識だ、と言われても何が常識なのか分かっていない。だから、そんな時に私はいつも何故だろうと立ち止まって考えてしまう。

クジラは空気呼吸をしている。「そんな事は常識だ」、と言われても、「では何故クジラは潮を吹くの？」と子供のように疑問をぶつけたくなる。

バース、掛布、岡田、真弓がいて阪神が優勝した年に、ジャイアンツとの最終戦を甲子園まで行って観戦した。記憶に残っているのはスタンドを埋め尽くした無数の黄色いメガホンが打ち振られている光景だけである。まるで実った黄色い稲穂が揺れているような光景に圧倒されて試合の内容は全く覚えていない。スタンドの光景しか記憶にないのだから、どんな時でもすぐに醒めて客観視してしまう自分がいるのだろう。

集団で行動する生き物は集団を守るために、周囲を常に監視する役割を持つ者が必要になる。見張りをするのだから、監視する者は集団の外にいて常に醒めていなければならない。

ひょっとすると、私は集団の中に必要な見張り番のような存在なのかもしれない。もしそうなら、発想があまのじゃくであったとしても、感じた事は伝えるべきである。ほとんどの人に無視されたとしても、1、2回吠える事ぐらいは許されるだろう。

人類が滅びるまでの過程を想像する事は、実に不謹慎な事なのだが結構楽しい。ハツカネズミの世界に降りていって、その様子をのぞき見するのと同じ位楽しい。身近な事なのだが、誰も知らない世界を見つけた時に、口の周りがムズムズし始め、是非伝えたいと思うようになったのである。

この本を書き始めたのは昨年の8月である。そして、原稿を幻冬舎に持ち込んだのは3月末である。編集者によると、今年の11月頃には出版できるだろうとの事だった。これだけ短期間に1冊の本を出版できるなら、あと1冊ぐらいは書けるかも知れない。すると、80歳を過ぎても人生を謳歌する事ができるかも知れない。

読者の中に私と同じ世代の人が居るなら、私は同世代の仲間たちにエールを送りたい気分になっている。奇跡のような戦後の復興を成し遂げたのは我々団塊の世代である。真面目にこつこつと頑張ってきた結果が今の日本の社会なのである。

団塊世代と呼ばれる仲間たちよ。歯を食いしばって、戦後の社会をしぶとく生きてきた仲間たちよ。元気を出せ。しょぼくれるにはまだ早い。体を動かし、想像する楽しさを無くさなければ、私のように、まだまだ子供のように目を輝かせて人生を楽しむ事ができるのだ。まだまだやれることはたくさんある。夢中になって生きてきた事を思い出して、精一杯頑張れ。

そして、読者の中に私の思いに賛同する仲間がいるなら、貯め込んだ小銭を使って私のように発信し、行動を起こそうではないか。スマホばかり見ている若者たちに語り掛けようではないか。まだまだ現役である事を、目に見える行動で大いに示そうではないか。

そして、現役の理科の教師たちにもお願いしたい。私が提案した実験の内、幾つかは中高生でも行う事ができる。中高生たちが行った研究が大人たちを大いに驚かせるなら、若い研究者を育てる事にもつながる。それも教師の役目ではないだろうか。

この際だと思って、最後におせっかいな言葉を付け加えた。

できるだけ分かり易く書いたつもりなのだが、前作同様に理科の苦手な人には難しいと思う。でも、子供の時にダンゴムシを手に取って遊んだことのある人なら解って貰えるのではないかと思う。好奇心旺盛な、子供のような心の持ち主の手元に私の本が届く事を願っている。

著者紹介

山﨑收一 (やまさき しゅういち)

1949年3月、大阪府豊能郡で生まれる。大阪市在住。
大阪府立大学農学部卒。
著書『捕獲具開発と驚くべきネズミの習性』
(2021年 幻冬舎メディアコンサルティング)

科学者《かがくしゃ》には書《か》けない恐竜絶滅《きょうりゅうぜつめつ》の謎《なぞ》

2023年11月1日　第1刷発行

著　者　　山﨑收一
発行人　　久保田貴幸

発行元　　株式会社 幻冬舎メディアコンサルティング
〒151-0051　東京都渋谷区千駄ヶ谷4-9-7
電話　03-5411-6440（編集）

発売元　　株式会社 幻冬舎
〒151-0051　東京都渋谷区千駄ヶ谷4-9-7
電話　03-5411-6222（営業）

印刷・製本　中央精版印刷株式会社
装　丁　　弓田和則
装　画　　花くまゆうさく

検印廃止

Printed in Japan
ISBN 978-4-344-94650-7 C0095
幻冬舎メディアコンサルティング HP
https://www.gentosha-mc.com/